나방 애벌레 도감 2

Guidebook of Moth Larvae 2

한국 생물 목록 18
Checklist of Organisms in Korea 18

나방 애벌레 도감 2
Guidebook of Moth Larvae 2

펴 낸 날 | 2016년 7월 25일 초판 1쇄
글·사진 | 허운홍
펴 낸 이 | 조영권
만 든 이 | 노인향
꾸 민 이 | 강대현

펴 낸 곳 | **자연과생태**
주소_서울 마포구 신수로 25-32, 101(구수동)
전화_02)701-7345~6 팩스_02)701-7347
홈페이지_www.econature.co.kr
등록_제2007-000217호

ISBN 978-89-97429-66-0   96490

한국 생물 목록 18
Checklist of Organisms in Korea 18

나방 애벌레 도감 2
Guidebook of Moth Larvae 2

글·사진 허운홍

자연과생태

머리말

2012년 『나방 애벌레 도감』 첫 책을 낼 때 2,000종 사육이 목표라고 썼다. 이 말을 지키고자 4년간 열심히 노력했으나 한 해는 심하게 아파서 채집을 별로 못 했고, 2014년과 2015년은 봄 가뭄 탓인지 애벌레가 너무나 없어 성과가 적었다. 결국 기대에 못 미치는 종수로 2권을 낸다.

애벌레를 본격적으로 사육한 지 10년이 되었다. 처음에는 '올해 사육에 실패하면 내년에 또 채집해 시도하면 되겠지.'하고 안이하게 생각했다. 그러나 그리된 일은 거의 없었다. 어느 해에나 쉽게 볼 수 있는 종은 극소수이고, 대부분은 좀처럼 눈에 띄지 않았다. 어떤 해에 유난히 많이 발생하는 종도 있었으나 환경 조건이 맞아 그해에만 그랬을 뿐이었다. 10년 동안 단 한 번만 보고 사육에 실패한 종이 많다. 그래서 지금은 채집한 종을 최선을 다해 기른다.

해가 갈수록 사육하지 못했던 종을 찾기가 어렵다. 하루 종일을 걷고도 새로운 종을 하나도 못 찾는 날도 있다. 이런 일들을 겪다 보니 앞으로 이 일에 뛰어들 사람이 없을지도 모른다는 생각이 들었다. 결국 내가 해야만 하는 일이 되었으며, 비로소 업(業)이 무엇인지를 깨달았다. 1, 2권에서 다루지 못한 종은 언젠가는 길러서 독자들에게 선보일 수 있기를 기대한다.

나는 아마추어이기 때문에 도감을 보고 종을 동정할 수밖에 없다. 최대한 열심히, 정확히 동정하려고 했으나 오류가 있으리라고 생각한다. 독자 여러분이 오류를 지적해 주면 감사히 여기겠다. 또 국명 없이 소개하거나 미동정으로 처리한 종도 많은데, 이것은 기존 연구가 있지만 내가 자료를 찾지 못했거나 우리나라에서 아직 기록되지 않은 경우다. 특히 미소나방은 생식기 검경이 필수여서 해부를 할 수 없는 나로서는 어쩔 수 없었다. 앞으로 이 부분을 전문가들이 보완해 주기를 기대한다.

애벌레 찾기를 도와준 분들이 있다. 차명희 선생은 참쐐기나방, 정안희 선생은 작은갈고리밤나방, 송원혁 선생은 이끼를 먹는 자나방을 찾아 주었다. 오랜 지기들인 박신옥 씨 외 구오회 분들이 대왕박각시를 찾아 주었고, 김남숙 씨는 여러 종류를 구해 주었다. 이금순, 진길화 선생을 비롯한 여러 분들이 매번 여행 때 채집을 돕고 격려해 주었으며, 정부희 박사는 여러 가지 조언을 해 주고 "선생님 말고는 이 일을 할 사람이 없어요."라면서 힘을 실어 주었다. 길동생태공원의 김지연 선생도 여러 면에서 나를 도와주었다. 목포대 최세웅 교수, 아주대 박동하 교수, 충북대 조수원 교수, 일본의 Yasuda Koji 씨, Teramoto Noriyuki 씨 등 종 동정을 도와준 분이 많다. 특히 한남대 변봉규 교수와 조교들의 도움을 많이 받았다. 무엇보다 가장 큰 응원군은 〈자연과생태〉의 조영권 대표다. 내 작업을 아껴 언제나 어려움을 마다하지 않고 출판해 준다. 이 글을 통해 모두에게 감사한 마음을 전한다.

채집 때 종종 사람들이 후원해 주는 곳이 있느냐고 묻는다. 나는 당당히 "제 남편이요."라고 대답한다. 먹고 사는 걱정 않고 채집 다닐 수 있는 것은 순전히 남편 덕이다. 감사하다.

2016년 7월

허 운 홍

일러두기

- 우리나라에 사는 나방 335종의 유충과 성충을 수록했다.
- 유충, 성충, 식초가 확인되었지만 정확히 동정하지 못한 37종도 포함되었다.
- 『나방 애벌레 도감』 1권(2012)의 미동정 종 중에서 이후 동정한 종을 재수록하고, 수정한 종도 책 뒷부분에 수록했다.
- 『나방 애벌레 도감』 1권(2012) 수록 종 이후 2012년부터 2016년 2월까지 키워 우화시킨 종을 수록했다. 해당 종의 성충 표본을 소장하고 있다.
- 식초는 유충을 채집할 때 함께 채취한 식물, 유충 사육 시 먹인 식물, 현장에서 먹는 것을 확인한 식물을 수록했다.
- 사육 관찰한 것만을 기록했기 때문에 우화시기가 자연 상태와 다를 수 있고, 1년에 2회 나오는 경우도 한 번만 성공한 것은 한 번만 기록했다.
- 과, 아과의 나열 순서는 가능한 분류체계를 기준으로 삼았으며 아과 내의 종은 학명의 알파벳 순서로 나열했다.
- 유충 및 집의 형태로 종을 쉽게 찾을 수 있도록 비슷한 특징을 지닌 종들을 묶어 '빨리 찾기' 검색 코너를 마련했다. 대부분 종령 유충을 제시했으나, 령기에 따른 형태와 색상의 변화가 없고 사진 상태가 나쁠 경우에는 4령 사진을 넣기도 했다.
- 각 종의 유충, 우화시킨 성충, 성충의 표본 사진을 기본적으로 수록했으며, 령기가 다른 유충, 고치, 번데기, 유충이 만든 집이나 먹은 모양 사진도 실었다. 또한 흔들리거나 초점이 맞지 않은 사진이어도 종을 파악하는 데 중요한 자료라고 판단될 경우에는 사진을 수록했으며, 령기에 따라 유충의 형태가 매우 다른 경우, 옆면과 윗면의 형태가 다른 경우에는 가능한 다양한 사진을 수록했다.
- 보통 유충은 5번 탈피하므로 5령이 대부분이나(마지막 한 번은 번데기 될 때 탈피한다). 어떤 종은 훨씬 더 많이 탈피하는 경우가 있다. 그러나 대부분 3령 정도일 때 채집해 기른 것이라 정확한 령을 알기 어려웠다. 따라서 일반적인 경우를 가정해 5령을 '종령'이라 표기한 경우가 많으나. 종령이 5령이 아닌 경우도 있다. 령기를 정확히 알기 어려운 경우도 있었으며 이때는 불가피하게 '중령'이라는 표현을 썼다. 사진설명에서 '중령'은 채집 시기의 상태로 3령이나 4령으로 보면 되나. 탈피를 5번 이상 하는 종은 3~4령이 아닐 수도 있다. 또한 '노숙 유충'은 번데기 되기 전 몸 크기가 줄거나, 몸 색깔이 여러 가지로 변한 유충을 뜻한다. '털받침'은 필요한 경우에만 언급하고 대부분은 '점'이나 '무늬'로 표현했다. 본문 애벌레 묘사에서 '가슴'이라는 표현은 앞가슴등판을 제외한 앞가슴. 가운데가슴. 뒷가슴을 통칭하는 것이다.
- 동정이 애매한 것은 본문에 '생식기 검경이 필요하다.'고 기입했다. 이런 종은 생식기 검경으로 종명이 바뀔 가능성이 있다.
- 이 책에 수록된 종의 국명 및 학명은 『한국 곤충 총 목록』(2010)을 기준으로 삼았으나 『한국의 곤충 제16권 1호~14호』(2011~2014)에 바뀌어 기재된 것은 적용했다. 목록에 누락되었거나, 국내 미기록종인 경우에는 『日本の鱗翅類』(2011년)와 『日本産蛾類標準圖鑑 1, 2, 3, 4』(2011년~2013년), 『日本産幼蟲圖鑑』(2006년), 『日本産蛾類大圖鑑』(1982년) 등을 참고했다.
- 단식성이나 협식성 유충을 찾는 데 도움이 되도록 먹이식물을 통해서 찾아볼 수 있는 표를 만들었다. '빨리 찾기'에 과명을 게재해 사진이 도움이 되지 않을 경우 과를 통해서 찾아볼 수 있도록 했다.
- 형태 및 용어 설명을 한자식으로 표기했다. 우리말로 바꿔 표기하고자 오랫동안 시도했으나 설명이 너무 길어지고, 색깔을 묘사하는 데 어려움이 많았다. 딘 색깔에서 '검은색'. '노란색'. '흰색' 등 단색인 경우에는 우리말로 표현했으며, '황갈색'. '적자색' 등 혼합색인 경우는 한자식으로 표현했다.

분류기호와 색

국명 및 학명

O

0-1-1-1 벚나무모시나방 *Elcysma westwoodi*

먹이식물

주요 특징 요약

빨리찾기
번호

· 먹이식물 벚나무(*Prunus serrulata* var. *spontanea*), 야광나무(*Malus baccata*)

· 유충시기 5월
  유충길이 17mm
  우화시기 9월
  날개길이 57~62mm
  채집장소 인제 방태산
        가평 명지산

과

생태 및 형태 설명

몸은 노란색이고 여기에 검은 줄무늬가 3개 있고, 몸 옆에 길고 두꺼운 검은 털이 있다. 알락나방이 그렇듯이 한 나무에 많이 발생하기도 하고, 이럴 경우에는 잎을 먹는 양이 많아 나무에 잎이 남아나질 않는다. 잎을 약간 갉아당겨 흰 왁스 같은 것을 뿜어 붙이고 그 속에 아주 질긴 연갈색 고치를 만들고 번데기가 된다. 흰색이어서 눈에 잘 띈다. 성충 날개는 모두 넓고 크며 투명해 시맥이 드러난다. 유충은 환경이 바뀌면 잘 먹지 않아 키우기 힘들다.

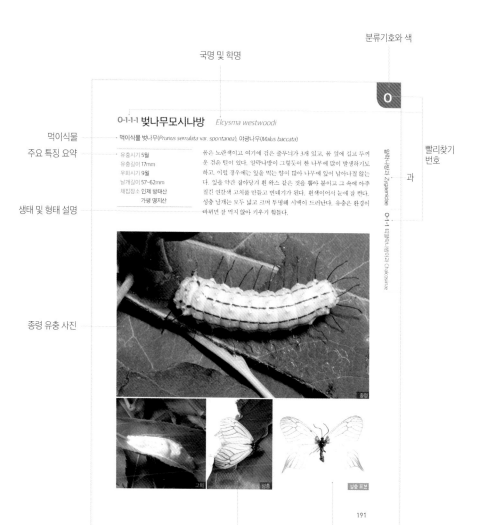

종령 유충 사진

종령

고치

성충

성충 표본

191

우화시킨 성충 생태 사진   우화시킨 성충 표본 사진

차례

깜둥이수염나방

선비잎말이나방

깜장애기주머니나방

벚나무집나방

나방 유충과 성충

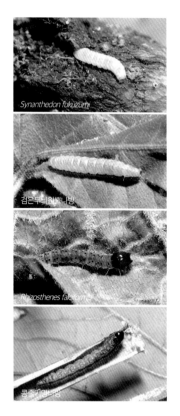

Synanthedon fukuzumi

검은무늬원뿔나방

Rhizosthenes falciformis

콩줄기명나방

흰띠알락나방

장수쐐기나방

삼각무늬애기물결자나방

대박왕가시

물결매미나방

흰제비불나방

사랑밤나방

미동정 종 unidentified species 344

구조 및 용어 설명

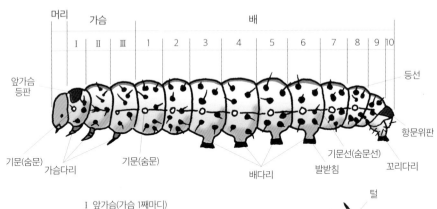

머리 가슴 배

I II III 1 2 3 4 5 6 7 8 9 10

앞가슴
등판

등선

항문위판

기문(숨문)
가슴다리

기문(숨문)

배다리

기문선(숨문선)

발받침

꼬리다리

I 앞가슴(가슴 1째마디)
II 가운데가슴(가슴 2째마디)
III 뒷가슴(가슴 3째마디)
숨문 : 앞가슴, 배 1째마디~8째마디

털

털받침

털받침둘레

유충 옆면

머리

앞머리

홑눈

더듬이

머리방패 큰턱 윗입술

유충 머리

날개길이

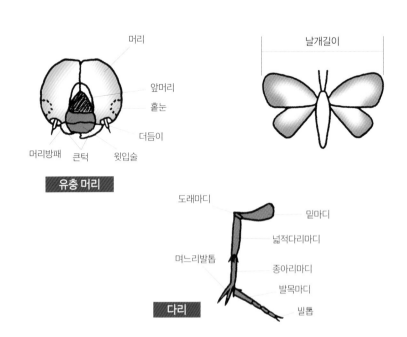

도래마디

밑마디

넓적다리마디

며느리발톱

종아리마디

발목마디

다리

발톱

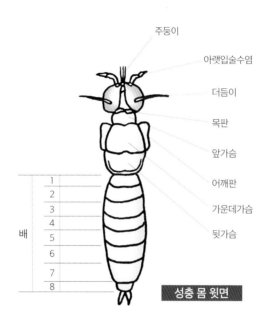

주둥이

아랫입술수염

더듬이

목판

앞가슴

어깨판

가운데가슴

뒷가슴

배

1
2
3
4
5
6
7
8

성충 몸 윗면

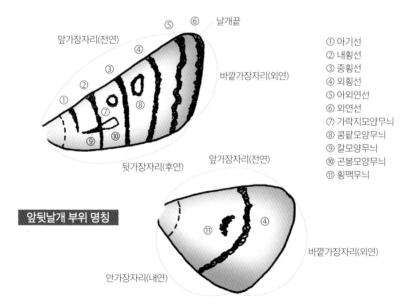

날개끝

앞가장자리(전연)

⑤ ⑥

④

③

②

①

⑦

⑧

⑨ ⑩

바깥가장자리(외연)

뒷가장자리(후연)

앞가장자리(전연)

⑪

④

바깥가장자리(외연)

안가장자리(내연)

앞뒷날개 부위 명칭

① 아기선
② 내횡선
③ 중횡선
④ 외횡선
⑤ 아외연선
⑥ 외연선
⑦ 가락지모양무늬
⑧ 콩팥모양무늬
⑨ 칼모양무늬
⑩ 곤봉모양무늬
⑪ 횡맥무늬

분류기호 활용하기

분류체계에 따른 과와 아과의 나열 순서에 익숙하지 않은 독자일 경우 궁금한 종을 빨리 찾는 데 어려움을 겪을 것 같아서 분류기호를 만들었다.

- 과(Family)와 아과(Subfamily)는 아래와 같은 분류기호로 구분되어 있다.
- 책의 내용은 분류기호 순(A~Z)으로 나열되었다.
- 낯선 유충을 만났을 때, '빨리 찾기'에서 비슷한 종을 찾고, 분류기호에 따라 해당 쪽을 찾아간다.
- 같은 분류기호 범위의 비슷한 종들과 비교하며 정확히 동정한다.

과 분류 기호(Classification sign, Family)		아과 분류 기호(Classification sign, Subfamily)	
A	곡나방과 Incurvariidae	A-1	Heliozelinae
		A-2	곡나방아과 Incurvariinae
B	잎말이나방과 Tortricidae	B-1	잎말이나방아과 Tortricinae
		B-2	애기잎말이나방아과 Olethreutinae
C	주머니나방과 Psychidae		
D	가는나방과 Gracillariidae	D-1	가는나방아과 Lithocolletinae
		D-2	민가는나방아과 Gracillariinae
E	집나방과 Yponomeutidae	E-1	좀나방아과 Plutellinae
		E-2	집나방아과 Yponomeutinae
F-1	파좀나방과 Acrolepiidae		
F-2	메꽃굴나방과 Bedelliidae		
G-1	유리나방과 Sessidae		
G-2	뭉뚝날개나방과 Choreutidae		
H	원뿔나방과 Oecophoridae	H-1	큰원뿔나방아과 Depressariinae
I-1	감꼭지나방과 Stathmopodidae		
I-2	Chimabachidae		
I-3	통나방과 Coleophoridae		
I-4	뿔나방붙이과 Lecithoceridae		
J	뿔나방과 Gelechiidae	J-1	애뿔나방아과 Anomologinae
		J-2	뿔나방아과 Gelechiinae
		J-3	Anacampsinae
		J-4	Dichomeridinae
K	포충나방과 Crambidae	K-1	들명나방아과 Pyraustinae
L	명나방과 Pyralidae	L-1	비단명나방아과 Pyralinae
		L-2	집명나방아과 Epipaschiinae
		L-3	알락명나반아과 Phycitinae

M	창나방과 Thyrididae		
N	딜닐/새나방과 Pterophoridae		
O-1	알락나방과 Zygaenidae	O-1-1	띠알락나방아과 Chalcosiinae
		O-1-2	무늬알락나방아과 Zygaeninae
O-2	쐐기나방과 Limacodidae		
P	갈고리나방과 Drepanidae	P-1	갈고리나방아과 Drepaninae
		P-2	멋쟁이갈고리나방아과 Oretinae
Q	자나방과 Geometridae	Q-1	겨울자나방아과 Alsophilinae
		Q-2	푸른자나방아과 Geometrinae
		Q-3	애기자나방아과 Sterrhinae
		Q-4	물결자나방아과 Larentiinae
		Q-5	가지나방아과 Ennominae
R	솔나방과 Lasiocampidae		
S-1	누에나방과 Bombycidae		
S-2	산누에나방과 Saturniidae		
T	박각시과 Sphingidae	T-1	박각시아과 Sphinginae
		T-2	꼬리박각시아과 Macroglossinae
U	재주나방과 Notodontidae	U-1	왕재주나방아과 Dudusinae
		U-2	꽃무늬재주나방아과 Dicranurinae
		U-3	재주나방아과 Notodontinae
		U-4	기린재주나방아과 Ptilodontinae
		U-5	배얼룩재주나방아과 Phalerinae
V	독나방과 Lymantriidae		
W	불나방과 Arctiidae		
X	혹나방과 Nolidae		
Y	밤나방과 Noctuidae	Y-1	줄수염나방아과 Herminiinae
		Y-2	수염나방아과 Hypeninae
		Y-3	뒷날개밤나방아과 Catocalinae
		Y-4	짤름나방아과 Ophiderinae
		Y-5	은무늬밤나방아과 Plusiinae
		Y-6	꼬마밤나방아과 Acontiinae
		Y-7	저녁나방아과 Acronictinae
		Y-8	흰무늬밤나방아과 Amphipyrinae
		Y-9	곱추밤나방아과 Cuculliinae
		Y-10	줄무늬밤나방아과 Hadeninae
		Y-11	담배나방아과 Heliothinae
Z	미동정 종 unidentified species		

유충 및 은신처 형태로 '과' 찾기와 '종' 빨리 찾기

1. 은신처를 만들지 않는 것

1) 털이 별로 없다.

a. 배다리가 없고 대개 몸에 돌기가 많다.

쐐기나방과

b. 배다리가 한 쌍이다(loopers).

자나방과

c. 배 3째마디와 4째마디의 다리가 퇴화했거나 작다(semiloopers).

밤나방과의 수염나방아과, 뒷날개밤나방아과, 짤름나방아과, 은무늬밤나방아과,
꼬마밤나방아과

d. 배다리가 4쌍이고, 배 끝 부분에 돌기가 없거나 짧은 돌기가 있다.

파좀나방과, 메꽃굴나방과, 뿔나방과 일부, 알락나방과 일부, 갈고리나방과 일부,
박각시과 일부, 재주나방과 일부, 밤나방과의 줄수염나방아과, 흰무늬밤나방아과,
곱추밤나방아과, 줄무늬밤나방아과, 담배나방아과

e. 배다리가 4쌍이고 배 끝에 긴 가시나 돌기가 있다.

갈고리나방과 일부, 누에나방과, 박각시과, 재주나방과 일부

2) 굵고 긴 털이 있거나 털이 많다.

알락나방과 일부, 솔나방과, 산누에나방과, 독나방과, 불나방과, 혹나방과, 밤나방
과의 저녁나방아과

2. 은신처를 만드는 것

a. 잎을 접거나, 여러 장을 붙이거나, 원통형으로 만 것

잎말이나방과, 집나방과의 좀나방아과, 뭉툭날개나방과, 원뿔나방과의 큰원뿔나방아과, Chimabachidae, 뿔나방붙이과, 뿔나방과, 포충나방과, 명나방과의 알락명나방아과 일부, 털날개나방과, 밤나방과의 흰무늬밤나방아과 일부

b. 작은 조각을 붙여 집을 만든 것

주머니나방과, 통나방과

c. 실로 잎을 여러 장 붙여 텐트 같은 집을 만든 것(대개 집단 서식)

집나방과의 집나방아과, 명나방과의 비단명나방아과, 집명나방아과, 알락명나방과 일부

d. 잎이나 줄기 속에 있는 것

유리나방과, 잎말이나방과 일부, 가는나방과의 가는나방아과, 털날개나방과 일부

e. 꽃봉오리나 열매 속에 있는 것

잎말이나방과의 애기잎말이나방아과 일부

f. 잎을 깔때기 모양으로 만 것

창나방과

g. 잎을 조금 접어 붙이거나 삼각뿔 모양으로 붙인 것

가는나방과의 민가는나방아과

<참고사항>

* 과나 아과에 속한 종 대부분이 해당 될 경우 밑줄을 쳐 놓았다.
* 털의 유무 분류가 애매할 경우 <1. 2)>에서 없으면 <1. 1). d>에서 찾는다.
* 몸의 긴 돌기는 <1. 2)>로 구분했다.
* '빨리 찾기'는 종령 기준이다. 4령까지 잎을 붙이고 숨어 사는 종들이 많은데, 이 경우는 잎을 붙이고 있는 것으로 분류하지 않았다.

1. 은신처를 만들지 않는 것

1) 털이 별로 없다.

a. 배다리가 없고 대개 몸에 돌기가 많다.

O-2-1 장수쐐기나방   O-2-2 *Naryciodes posticali*   O-2-3 참쐐기나방

b. 배다리가 한 쌍이다(loopers).

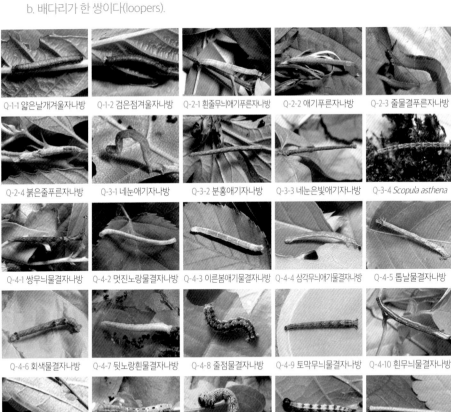

Q-1-1 얇은날개겨울자나방 Q-1-2 검은점겨울자나방 Q-2-1 흰줄무늬애기푸른자나방 Q-2-2 애기푸른자나방 Q-2-3 줄물결푸른자나방

Q-2-4 붉은줄푸른자나방 Q-3-1 네눈애기자나방 Q-3-2 분홍애기자나방 Q-3-3 네눈은빛애기자나방 Q-3-4 *Scopula asthena*

Q-4-1 쌍무늬물결자나방 Q-4-2 멋진노랑물결자나방 Q-4-3 이른봄애기물결자나방 Q-4-4 삼각무늬애기물결자나방 Q-4-5 톱날물결자나방

Q-4-6 회색물결자나방 Q-4-7 뒷노랑흰물결자나방 Q-4-8 줄점물결자나방 Q-4-9 토막무늬물결자나방 Q-4-10 흰무늬물결자나방

Q-4-11 속흰애기물결자나방 Q-4-12 흰줄물결자나방 Q-5-1 큰뾰족가지나방 Q-5-2 흰무늬겨울가지나방 Q-5-3 자작나무가지나방

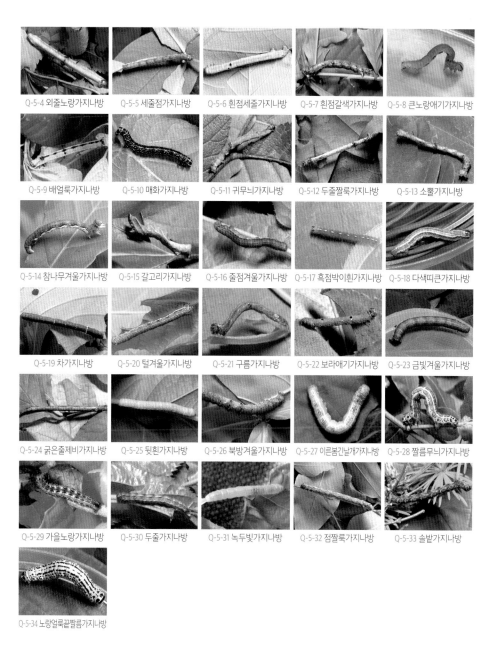

Q-5-4 외줄노랑가지나방

Q-5-5 세줄점가지나방

Q-5-6 흰점세줄가지나방

Q-5-7 흰점갈색가지나방

Q-5-8 큰노랑애기가지나방

Q-5-9 배얼룩가지나방

Q-5-10 매화가지나방

Q-5-11 귀무늬가지나방

Q-5-12 두줄짤룩가지나방

Q-5-13 소뿔가지나방

Q-5-14 참나무겨울가지나방

Q-5-15 갈고리가지나방

Q-5-16 줄점겨울가지나방

Q-5-17 흑점박이흰가지나방

Q-5-18 다색띠큰가지나방

Q-5-19 차가지나방

Q-5-20 털겨울가지나방

Q-5-21 구름가지나방

Q-5-22 보라애기가지나방

Q-5-23 금빛겨울가지나방

Q-5-24 굵은줄제비가지나방

Q-5-25 뒷흰가지나방

Q-5-26 북방겨울가지나방

Q-5-27 이른봄긴날개가지나방

Q-5-28 짤름무늬가지나방

Q-5-29 가을노랑가지나방

Q-5-30 두줄가지나방

Q-5-31 녹두빛가지나방

Q-5-32 점짤룩가지나방

Q-5-33 솔밭가지나방

Q-5-34 노랑얼룩끝짤름가지나방

c. 배 3째마디와 4째마디의 다리가 퇴화했거나 작다(semiloopers).

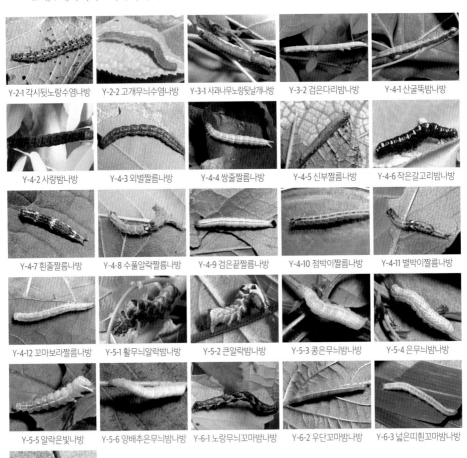

Y-2-1 각시뒷노랑수염나방   Y-2-2 고개무늬수염나방   Y-3-1 사과나무노랑뒷날개나방   Y-3-2 검은다리밤나방   Y-4-1 산굴뚝밤나방

Y-4-2 사랑밤나방   Y-4-3 외별짤름나방   Y-4-4 쌍줄짤름나방   Y-4-5 신부짤름나방   Y-4-6 작은갈고리밤나방

Y-4-7 흰줄짤름나방   Y-4-8 수풀알락짤름나방   Y-4-9 검은끝짤름나방   Y-4-10 점박이짤름나방   Y-4-11 별박이짤름나방

Y-4-12 꼬마보라짤름나방   Y-5-1 활무늬알락밤나방   Y-5-2 큰알락밤나방   Y-5-3 콩은무늬밤나방   Y-5-4 은무늬밤나방

Y-5-5 알락은빛나방   Y-5-6 양배추은무늬밤나방   Y-6-1 노랑무늬꼬마밤나방   Y-6-2 우단꼬마밤나방   Y-6-3 넓은띠흰꼬마밤나방

Y-6-4 세모무늬꼬마밤나방

d. 배다리가 4쌍이고, 배 끝 부분에 돌기가 없거나 짧은 돌기가 있다.

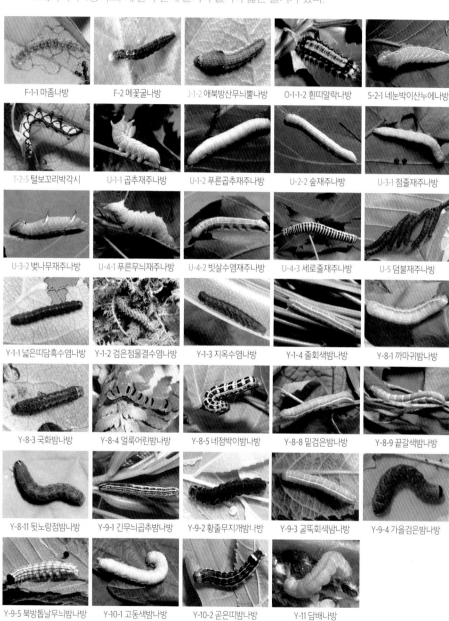

F-1-1 마좀나방

F-2 메꽃굴나방

J-1-2 애북방산무늬뿔나방

O-1-1-2 흰띠알락나방

S-2-1 네눈박이산누에나방

T-2-5 털보꼬리박각시

U-1-1 곱추재주나방

U-1-2 푸른곱추재주나방

U-2-2 숲재주나방

U-3-1 점줄재주나방

U-3-2 벚나무재주나방

U-4-1 푸른무늬재주나방

U-4-2 빗살수염재주나방

U-4-3 세로줄재주나방

U-5 덤불재주나방

Y-1-1 넓은띠담흑수염나방

Y-1-2 검은점물결수염나방

Y-1-3 지옥수염나방

Y-1-4 줄회색밤나방

Y-8-1 까마귀밤나방

Y-8-3 국화밤나방

Y-8-4 얼룩어린밤나방

Y-8-5 네점박이밤나방

Y-8-8 밑검은밤나방

Y-8-9 끝갈색밤나방

Y-8-11 뒷노랑점밤나방

Y-9-1 긴무늬곱추밤나방

Y-9-2 황줄무지개밤나방

Y-9-3 굴뚝회색밤나방

Y-9-4 가을검은밤나방

Y-9-5 북방톱날무늬밤나방

Y-10-1 고동색밤나방

Y-10-2 곧은띠밤나방

Y-11 담배나방

e. 배다리가 4쌍이고 배 끝에 긴 가시나 돌기가 있다.

P-2 동해갈고리나방 S-1 물결멧누에나방 T-1-1 노랑갈고리박각시 T-1-2 대왕박각시 T-1-3 등줄박각시

T-2-1 포도박각시 T-2-2 벌꼬리박각시 T-2-3 애벌꼬리박각시 T-2-4 우단박각시 U-2-1 뒷검은재주나방

U-2-3 기생재주나방

2) 굵고 긴 털이 있거나 털이 많다.

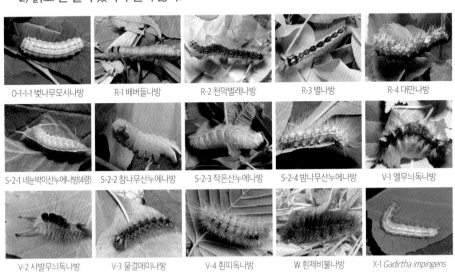

O-1-1-1 벚나무모시나방 R-1 배버들나방 R-2 천막벌레나방 R-3 별나방 R-4 대만나방

S-2-1 네눈박이산누에나방(4령) S-2-2 참나무산누에나방 S-2-3 작은산누에나방 S-2-4 밤나무산누에나방 V-1 엘무늬독나방

V-2 사발무늬독나방 V-3 물결매미나방 V-4 흰띠독나방 W 흰제비불나방 X-1 *Gadirtha impingens*

X-2 앞검은혹나방

Y-7-1 벚나무저녁나방

Y-7-2 상수리저녁나방

Y-7-3 쥐똥나무저녁나방

2. 은신처를 만드는 것
a. 잎을 접거나, 여러 장을 붙이거나, 원통형으로 만 것

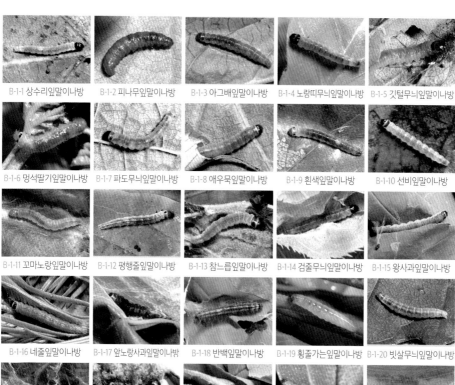

B-1-1 상수리잎말이나방   B-1-2 피나무잎말이나방   B-1-3 아그배잎말이나방   B-1-4 노랑띠무늬잎말이나방   B-1-5 깃털무늬잎말이나방

B-1-6 멍석딸기잎말이나방   B-1-7 파도무늬잎말이나방   B-1-8 애우묵잎말이나방   B-1-9 흰색잎말이나방   B-1-10 선비잎말이나방

B-1-11 꼬마노랑잎말이나방   B-1-12 평행줄잎말이나방   B-1-13 참느릅잎말이나방   B-1-14 검줄무늬잎말이나방   B-1-15 왕사과잎말이나방

B-1-16 네줄잎말이나방   B-1-17 앞노랑사과잎말이나방   B-1-18 반백잎말이나방   B-1-19 횡줄가는잎말이나방   B-1-20 빗살무늬잎말이나방

B-1-21 민무늬잎말이나방   B-1-22 버찌가는잎말이나방   B-1-23 둥근날개잎말이나방   B-1-24 흰머리잎말이나방   B-1-25 갈색잎말이나방

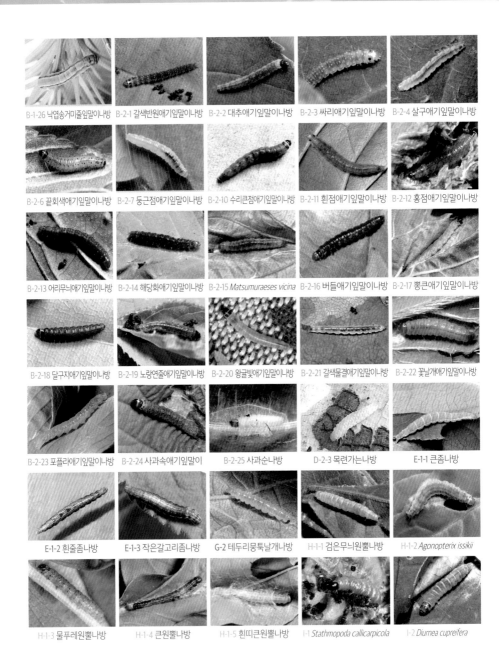

B-1-26 낙엽송거미줄잎말이나방　B-2-1 갈색반원애기잎말이나방　B-2-2 대추애기잎말이나방　B-2-3 싸리애기잎말이나방　B-2-4 살구애기잎말이나방

B-2-6 끝회색애기잎말이나방　B-2-7 둥근점애기잎말이나방　B-2-10 수리큰점애기잎말이나방　B-2-11 흰점애기잎말이나방　B-2-12 홍점애기잎말이나방

B-2-13 어리무늬애기잎말이나방　B-2-14 해당화애기잎말이나방　B-2-15 *Matsumuraeses vicina*　B-2-16 버들애기잎말이나방　B-2-17 뽕큰애기잎말이나방

B-2-18 달구지애기잎말이나방　B-2-19 노랑연줄애기잎말이나방　B-2-20 왕귤빛애기잎말이나방　B-2-21 갈색물결애기잎말이나방　B-2-22 꽃날개애기잎말이나방

B-2-23 포플라애기잎말이나방　B-2-24 사과속애기잎말이　B-2-25 사과순나방　D-2-3 목련가는나방　E-1-1 큰좀나방

E-1-2 흰줄좀나방　E-1-3 작은갈고리좀나방　G-2 테두리뭉툭날개나방　H-1-1 검은무늬원뿔나방　H-1-2 *Agonopterix issikii*

H-1-3 물푸레원뿔나방　H-1-4 큰원뿔나방　H-1-5 흰띠큰원뿔나방　I-1 *Stathmopoda callicarpicola*　I-2 *Diumea cupreifera*

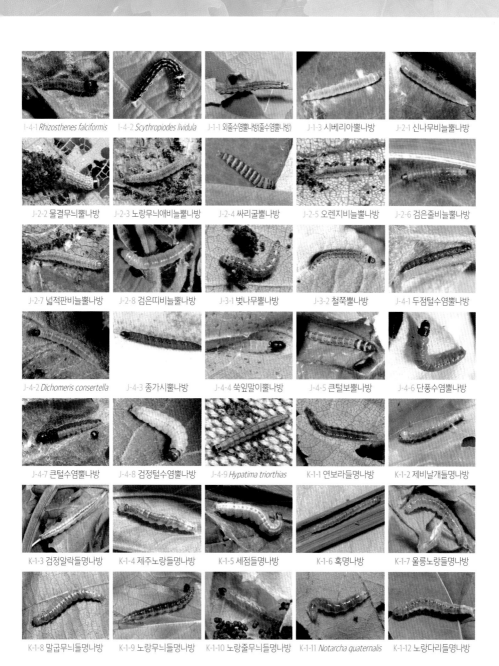

I-4-1 *Rhizosthenes falciformis* I-4-2 *Scythropiodes lividula* J-1-1 외줄수염뿔나방(줄수염뿔나방) J-1-3 시베리아뿔나방 J-2-1 신나무비늘뿔나방

J-2-2 물결무늬뿔나방 J-2-3 노랑무늬애비늘뿔나방 J-2-4 싸리굴뿔나방 J-2-5 오렌지비늘뿔나방 J-2-6 검은줄비늘뿔나방

J-2-7 넓적판비늘뿔나방 J-2-8 검은띠비늘뿔나방 J-3-1 벚나무뿔나방 J-3-2 철쭉뿔나방 J-4-1 두점털수염뿔나방

J-4-2 *Dichomeris consertella* J-4-3 종가시뿔나방 J-4-4 쑥잎말이뿔나방 J-4-5 큰털보뿔나방 J-4-6 단풍수염뿔나방

J-4-7 큰털수염뿔나방 J-4-8 검정털수염뿔나방 J-4-9 *Hypatima triorthias* K-1-1 연보라들명나방 K-1-2 제비날개들명나방

K-1-3 검정알락들명나방 K-1-4 제주노랑들명나방 K-1-5 세점들명나방 K-1-6 혹명나방 K-1-7 울릉노랑들명나방

K-1-8 말굽무늬들명나방 K-1-9 노랑무늬들명나방 K-1-10 노랑줄무늬들명나방 K-1-11 *Notarcha quaternalis* K-1-12 노랑다리들명나방

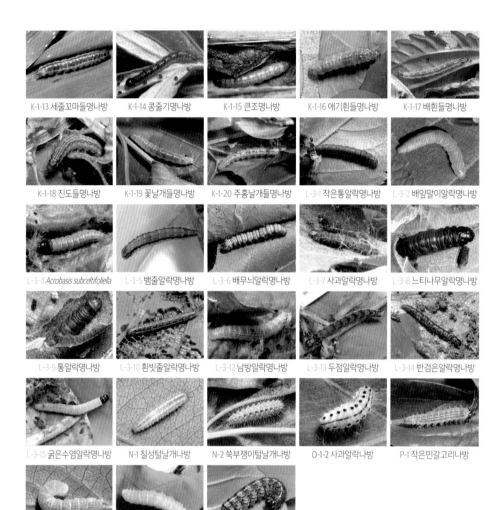

K-1-13 세줄꼬마들명나방 　K-1-14 콩줄기명나방 　K-1-15 큰조명나방 　K-1-16 애기흰들명나방 　K-1-17 배흰들명나방

K-1-18 진도들명나방 　K-1-19 꽃날개들명나방 　K-1-20 주홍날개들명나방 　L-3-1 작은통알락명나방 　L-3-2 배잎말이알락명나방

L-3-4 *Acrobasis subceltifoliella* 　L-3-5 뱀줄알락명나방 　L-3-6 배무늬알락명나방 　L-3-7 사과알락명나방 　L-3-8 느티나무알락명나방

L-3-9 통알락명나방 　L-3-10 흰빗줄알락명나방 　L-3-12 남방알락명나방 　L-3-13 두점알락명나방 　L-3-14 반검은알락명나방

L-3-15 굵은수염알락명나방 　N-1 칠성털날개나방 　N-2 쑥부쟁이털날개나방 　O-1-2 사과알락나방 　P-1 작은민갈고리나방

Y-8-6 고동색줄무늬밤나방 　Y-8-7 암노랑얼룩무늬밤나방 　Y-8-10 네줄붉은밤나방

b. 작은 조각을 붙여 집을 만든 것

A-2 깜둥이수염나방

C-1 둥근날개주머니나방

C-2 깜장애기주머니나방

I-3-1 *Coleophora eteropennella*

I-3-2 *Coleophora milvipennis*

L-2-1 끝검은집명나방

Y-8-2 붉은나무결밤나방

c. 실로 잎을 여러 장 붙여 텐트 같은 집을 만든 것(대개 집단 서식)

E-2-1 벚나무집나방

E-2-2 *Yponomeuta meguronis*

E-2-3 *Yponomeuta polystigmellus*

L-1-1 곧은띠비단명나방

L-1-2 왕빗수염줄명나방

L-3-3 반원알락명나방

L-3-11 줄노랑알락명나방

L-2-2 타이형집명나방

L-2-3 흰무늬집명나방붙이

d. 잎이나 줄기 속에 있는 것

A-1 *Antispila inouei*

B-2-5 검정애기잎말이나방

D-1 *Phyllonorycter ulmifoliella*

G-1 *Synanthedon fukuzumii*

K-14 콩줄기명나방

K-15 큰조명나방

N-3 *Platyptilia farfarellus*

e. 꽃봉오리나 열매 속에 있는 것

B-2-8 *Fibuloides japonica*

B-2-9 복숭아순나방붙이

E-1-3 작은갈고리좀나방

f. 잎을 깔때기 모양으로 만 것

M 깜둥이창나방

g. 잎을 조금 접어 붙이거나 삼각뿔 모양으로 붙인 것

D-2-1 산철쭉가는나방

D-2-2 산진달래가는나방

D-2-4 졸참나무가는나방

D-2-5 박달가는나방

먹이식물로 찾기

먹이로 이용하는 식물의 범위에 따라 3가지 형태로 나눈다.

단식성(Monophagy) 먹이식물이 한 종이거나 또는 같은 속의 종만을 먹는 경우.

협식성(Oligophagy) 먹이식물이 한 과 내의 여러 속에 한정된 경우. 드물게 식물이 지닌 어떤 화학성분이 공통되기 때문에 과(科)가 다른 식물을 먹는 경우도 있다. 이 경우 2과 정도에서만 나타나는 것은 협식성으로 취급했다.

광식성(Polyphagy) 먹이식물이 여러 과에 걸쳐 있는 경우.

- 저자가 본 것과 기존의 기록을 참조한 것이므로 먹이식물이 더 발견되면 단식성이 협식성으로, 협식성이 광식성으로 옮겨 갈 가능성은 충분히 있다.
- 단식성이나 협식성인 경우 먹이식물을 대표로 한 가지에만 기록을 했으므로 이것도 유충을 찾아갈 때 참고하기 바란다. 예를 들면 붉나무(옻나무과)에서 유충을 보았으나 붉나무에 기록이 없으면 같은 과의 개옻나무나 옻나무에서 찾아본다.
- 광식성인 경우는 저자가 주로 본 식물 한 두 항목에만 표기했으므로 이 표에 기록되지 않은 식물에서 발견될 가능성이 더욱 높다. 광식성이어도 애벌레가 더 좋아 하는 식물은 있는 것이므로 표의 내용이 도움이 될 것이다.

*국명 기준

식물		단식성	협식성	광식성
가래나무과	가래나무		기생재주나방	
가지과	고추		담배나방	
갈매나무과	헛개나무	대추애기잎말이나방		
감탕나무과	대팻집나무	녹두빛가지나방		
고추나무과	고추나무	큰뾰족가지나방 꽃날개들명나방		
국화과	개망초		흰제비불나방	
	미국쑥부쟁이			금빛겨울가지나방
	붉은서나물		Platyptilia farfarellus	
	산씀바귀	밑검은밤나방		
	섬쑥부쟁이	쑥부쟁이털날개나방		
	쑥부쟁이	횡줄가는잎말이나방	긴무늬곱추밤나방	
	쑥		애기푸른자나방 은무늬밤나방	버찌가는잎말이나방 콩줄기명나방

	식물	단식성	협식성	광식성
국화과	씀바귀			양배추은무늬밤나방
	주홍서나물		*Platyptilia farfarellus*	
	진득찰		쑥잎말이뿔나방 제주노랑들명나방	
	큰엉겅퀴		큰조명나방	
꼭두서니과	계요등	노랑무늬들명나방 쌍무늬물결자나방 벌꼬리박각시 애벌꼬리박각시		
꿀풀과	꽃향유		쑥잎말이뿔나방	
	누린내풀		세점들명나방	
	들깨	검정애기잎말이나방		어리무늬애기잎말이나방
	산박하		제주노랑들명나방 진도들명나방	
	석잠풀		검정알락들명나방	
	오리방풀		테두리뭉툭날개나방	
	향유	토막무늬물결자나방	우단꼬마명나방	콩은무늬밤나방
노린재나무과	노린재나무	남방알락명나방 가을노랑가지나방	고동색줄무늬밤나방	*Coleophora eteropennella*
노박덩굴과	노박덩굴	구름가지나방 노랑얼룩끝짤름가지나방	반원알락명나방 뱀줄알락명나방 두점알락명나방 굵은수염알락명나방	
	미역줄나무		배잎말이알락명나방	
	사철나무	*Yponomeuta meguronis*		
	참빗살나무	큰좀나방 *Yponomeuta polystigmellus*		
	회잎나무		짤름무늬가지나방	
녹나무과	감태나무	둥근점애기잎말이나방		
	생강나무	큰노랑애기가지나방	갈고리가지나방	
느릅나무과	느티나무		느티나무알락명나방	
	느릅나무	참느릅잎말이나방 끝회색애기잎말이나방 귀무늬가지나방 점박이짤름나방 북방톱날무늬밤나방	흰색잎말이나방	해당화애기잎말이나방 흰점갈색가지나방
	팽나무		갈색반원애기잎말이나방 *Acrobasis subceltifoliella* 엘무늬독나방	흰점세줄가지나방 장수쐐기나방
	풍게나무	보라애기가지나방	네점박이밤나방	
다래나무과	다래	뒷노랑흰물결자나방	톱날물결자나방	뒷노랑점밤나방
단풍나무과	개다래	회색물결자나방 포도박각시		

	식물	단식성	협식성	광식성
단풍나무과	고로쇠나무	*Naryciodes posticalis* 갈색물결애기잎말이나방		앞노랑사과잎말이나방
	단풍나무	세로줄재주나방 넓적판비늘뿔나방		빗살무늬잎말이나방
	당단풍	물결멧누에나방 푸른무늬재주나방 빗살수염재주나방		
	신나무	단풍수염뿔나방 신나무비늘뿔나방		
	복자기나무	두줄짤룩가지나방		
대극과	광대싸리	외줄수염뿔나방 애북방산무늬뿔나방 속흰애기물결자나방	검은다리밤나방	
	사람주나무	*Gadirtha impingens*		
때죽나무과	때죽나무	쌍줄짤름나방		
마과	마	마좀나방		
마디풀과	개여뀌		끝갈색밤나방	주홍날개들명나방
마편초과	작살나무	*Stathmopoda callicarpicola*		
	누리장나무			*Rhizosthenes falciformis*
면마과(고사리과)	고사리류		얼룩어린밤나방	
메꽃과	나팔꽃		메꽃굴나방	
목련과	목련	목련가는나방		
물푸레나무과	물푸레나무	파도무늬잎말이나방 네눈은빛애기자나방 별박이짤름나방 네줄붉은밤나방	쥐똥나무저녁나방	왕사과잎말이나방 둥근날개잎말이나방 *Diurnea cupreifera* 줄점겨울가지나방
	쥐똥나무		애기흰들명나방	
미나리아재비과	사위질빵	깜둥이창나방 흰무늬물결자나방		
	진범		알락은빛나방	자작나무가지나방
방기과	댕댕이덩굴	작은갈고리밤나방		
백합과	파	파좀나방		
버드나무과	갯버들	애우묵잎말이나방		황줄무지개밤나방
	버드나무	*Synanthedon fukuzumii*	포플라애기잎말이나방 버들나방	
	호랑버들		굴뚝회색밤나방	
범의귀과	고광나무		굵은줄제비가지나방	
	매화말발도리		노랑연줄애기잎말이나방 고개무늬수염나방	
벼과	강아지풀		넓은띠흰꼬마밤나방	
	갈대		붉은나무결밤나방	
	벼		혹명나방	

식물		단식성	협식성	광식성
벼과	화본류		세줄꼬마들명나방	
벽오동과	수까치깨	노랑무늬꼬마밤나방		
봉선화과	노랑물봉선	흰줄물결자나방		
	물봉선			우단박각시
뽕나무과	돌뽕나무			울릉노랑들명나방
	뽕나무		뽕큰애기잎말이나방	
	뽕모시풀	활무늬알락밤나방		
소나무과	낙엽송(일본잎갈나무)	낙엽송거미줄잎말이나방	다색띠큰가지나방 솔밭가지나방	
	소나무		줄회색밤나방	
	전나무(젓나무)		네줄잎말이나방	
쐐기풀과	큰물통이	배흰들명나방		
	모시풀	각시뒷노랑수염나방		
	풀거북꼬리	큰알락밤나방		
옻나무과	붉나무	*Fibuloides japonica* 검은띠비늘뿔나방 노랑갈고리박각시	흰무늬집명나방붙이	
운향과	상산	*Agonopterix issikii*		
	황벽나무	검은무늬원뿔나방		
인동과	가막살나무		*Notarcha quaternalis*	
	병꽃나무		작은갈고리좀나방	
	백당나무	동해갈고리나방		
자작나무과	개암나무	*Dichomeris consertella* 타이형집명나방		
	까치박달		흰띠독나방	
	물박달나무	네눈애기자나방	버들애기잎말이나방 박달가는나방 *Coleophora milvipennis* 연보라들명나방 수풀알락짤름나방	
	물오리나무			*Phyllonorycter ulmifoliella* 큰털보뿔나방
	서어나무		왕귤빛애기잎말이나방 멋진노랑물결자나방	이른봄애기물결자나방 뒷검은재주나방
	자작나무		선비잎말이나방	
장미과	개벚나무	벚나무뿔나방 흑점박이흰가지나방	흰줄짤름나방	
	개벚지나무			검줄무늬잎말이나방
	귀룽나무		벚나무집나방 대왕박각시	
	돌배나무		사과나무노랑뒷날개나방	매화가지나방 뒷검은재주나방
	마가목		아그배잎말이나방	

	식물	단식성	협식성	광식성
장미과	벚나무		작은통알락명나방 통알락나방 검은끝짤름나방 벚나무저녁나방	
	산딸기	홈점애기잎말이나방	명석딸기잎말이나방	
	산사나무		살구애기잎말이나방 사과알락명나방	깃털무늬잎말이나방 갈색잎말이나방
	쉬땅나무			민무늬잎말이나방
	야광나무		벚나무모시나방 사과알락나방 벚나무재주나방 앞검은혹나방	물결매미나방
	자두나무		복숭아순나방붙이	
	참조팝나무			달구지애기잎말이나방
	팥배나무	제비날개들명나방	꼬마노랑잎말이나방 사과속애기잎말이나방	
	찔레	외줄노랑가지나방		천막벌레 까마귀밤나방
쥐손이풀과	쥐손이풀			분홍애기자나방
진달래과	산철쭉	꽃날개애기잎말이나방 산철쭉가는나방		
	진달래	산진달래가는나방		흰머리잎말이나방
	철쭉	철쭉뿔나방		평행줄잎말이나방
차나무과	사스레피나무	흰띠알락나방		
참나무과	굴참나무	*Hypatima triorthias*		
	떡갈나무		큰털수염뿔나방	
	밤나무		붉은줄푸른자나방	밤나무산누에나방
	신갈나무	오렌지비늘뿔나방 검은줄비늘뿔나방	상수리잎말이나방 노랑띠무늬잎말이나방 수리큰점애기잎말이나방 졸참나무가는나방 큰원뿔나방 흰띠큰원뿔나방 종가시뿔나방 물결무늬뿔나방 노랑무늬애비늘뿔나방 말굽무늬들명나방 배무늬알락명나방 줄노랑알락명나방 끝검은집명나방 흰무늬집명나방붙이 줄점물결자나방 흰무늬겨울가지나방 점줄재주나방 곱추재주나방 푸른곱추재주나방 숲재주나방 덤불재주나방 상수리저녁나방 가을검은밤나방	깜둥이수염나방 왕빗수염줄명나방 흰빗줄알락명나방 *Scythropiodes lividula* 검은점겨울자나방 삼각무늬애기물결자나방 소뿔가지나방 참나무겨울가지나방 차가지나방 털겨울가지나방 뒷흰가지나방 북방겨울가지나방 이른봄긴날개가지나방 점짤록가지나방 네눈박이산누에나방 참나무산누에나방 작은산누에나방 곧은띠밤나방 고동색밤나방

참나무과	상수리나무		반검은알락명나방	
	졸참나무	사발무늬독나방	등줄박각시	얇은날개겨울자나방
층층나무과	층층나무	작은민갈고리나방		대만나방
	말채나무	흰점애기잎말이나방		
콩과	다릅나무	물푸레원뿔나방 두점털수염뿔나방		
	싸리	시베리아뿔나방 싸리굴뿔나방	세줄점가지나방 산굴뚝밤나방 사랑밤나방 세모무늬꼬마밤나방	흰줄무늬애기푸른자나방 배얼룩가지나방
	조록싸리	별나방 칠성털날개나방 싸리애기잎말이나방	외별짤름나방	
	칡	*Matsumuraeses vicina* 노랑다리들명나방	꼬마보라짤름나방	
파리풀과	파리풀			노랑줄무늬들명나방
포도과	왕머루	*Antispila inouei*	털보꼬리박각시	
	개머루	신부짤름나방		
피나무과	피나무	피나무잎말이나방 암노랑얼룩무늬밤나방		
현호색과	눈괴불주머니			반백잎말이나방
이끼		*Scopula asthena* 검은점물결수염나방		
시든 잎			지옥수염나방	곧은띠비단명나방 넓은띠담흑수염나방 국화밤나방

*학명 기준 / Host plants

Host plants		Monophagy	Oligophagy	Polyphagy
Aspidiaceae	Aspidiaceae spp.		*Callopistria repleta*	
Pinaceae 소나무	*Larix leptolepis*	*Ptycholomoides aeriferana*	*Macaria liturata* *Xerodes rufescentaria*	
	Pinus densiflora		*Zanclognatha griselda*	
	Abies holophylla		*Archips pulchra*	
Gramineae 벼과	*Setaria viridis*		*Maliattha signifera*	
	Phragmites communis		*Apamea aquila*	
	Oryza sativa		*Cnaphalocrocis medinalis*	
	Gramineae spp.		*Omiodes poenonalis*	
Liliaceae백합	*Allium fistulosum*	*Acrolepiopsis sapporensis*		
Dioscoreaceae 마	*Dioscorea batatas*	*Acrolepiopsis nagaimo*		
Salicaceae 버드나무	*Salix gracilistyla*	*Acleris issikii*		*Eupsilia transversa*
	Salix koreensis	*Synanthedon fukuzumii*	*Saliciphaga caesia* *Gastropacha populifolia angustipennis*	
	Salix caprea		*Lithophane remota*	
Juglandaceae 가래	*Juglans mandshurica*		*Uropyia meticulodina*	
Betulaceae 자작	*Corylus heterophylla* var. *thunbergii*	*Dichomeris consertella* *Stericta kogii*		
	Carpinus cordata		*Numenes disparilis*	
	Betula davurica	*Cyclophora albipunctata*	*Metendothenia atropunctana* *Parornix betulae* *Coleophora milvipennis* *Agrotera nemoralis* *Pangrapta griseola*	
	Alnus hirsuta			*Phyllonorycter ulmifoliella* *Dichomeris ustalella*
	Carpinus laxiflora		*Pseudohedya retracta* *Eulithis convergenata*	*Eupithecia clavifera* *Cnethodonta grisescens*
	Betula platyphylla var. *japonica*		*Acleris logiana*	
Fagaceae 참나무	*Quercus variabilis*	*Hypatima triorthias*		
	Quercus dentata		*Faristenia furtumella*	
	Quercus mongolica	*Pseudotelphusa acrobrunella* *Teleiodes linearivalvata*	*Acleris affinatana* *Acleris conchyloides* *Hedya inornata* *Caloptilia sapporella* *Depressaria irregularis* *Depressaria taciturna* *Dichomeris japonicella* *Aroga mesostrepta* *Carpatolechia deogyusanae* *Eurrhyparodes contortalis* *Conobathra bellulella* *Nephopterix bicolorella*	*Paraclemensia incerta* *Sacada fasciata* *Crytoblabes loxiella* *Scythropiodes lividula* *Inurois punctigera* *Eupithecia signigera* *Ennomos autumnaria* *Erannis golda* *Megabiston plumosaria* *Meichihuo cihuai* *Pachyligia dolosa* *Phigalia viridularia*

Host plants		Monophagy	Oligophagy	Polyphagy
Fagaceae 참나무	Quercus mongolica	Pseudotelphusa acrobrunella Teleiodes linearivalvata	Noctuides melanophia Idiotephria debilitata Agriopis dira Drymonia dodonides Euhampsonia cristata Euhampsonia splendida Fusadonta basilinea Phalerodonta bombycina Acronicta subornata Lithophane ustulata	Planociampa modesta Xerodes albonotaria Aglia tau amurensis Antheraea yamamai Caligula boisduvalii fallax Orthosia paromoea Orthosia odiosa
	Quercus acutissima		Psorosa decolorella	
	Quercus serrata	Calliteara conjuncta	Marumba sperchius	Inurois fumosa
	Castanea crenata		Neohipparchus vallata	Caligula japonica
Ulmaceae 느릅	Zelkova serrata		Conobathra frankella	
	Ulmus davidiana var. japonica	Acleris ulmicola Epinotia ulmi Eilicrinia wehrlii Pangrapta vasava Meganephria cinerea	Acleris japonica	Lobesia yasudai Colotois pennaria
	Celtis sinensis		Acroclita catharotorna Acrobasis subceltifoliella Arctornis l-nigrum	Cleora leucophaea Latoia consocia
	Celtis jessoensis	Ninodes splendens	Cosmia restituta	
Moraceae 뽕나무	Morus tiliaefolia			Cotachena alysoni
	Morus alba		Olethreutes mori	
	Fatoua villosa	Abrostola abrostolina		
Urticaceae 쐐기풀	Pilea hamaoi	Pleuroptya deficiens		
	Boehmeria nivea	Hypena claripennis		
	Boehmeria tricuspis var. unicuspis	Abrostola major		
Polygonaceae 마디풀	Persicaria longiseta		Oligonyx vulnerata	Udea ferrugalis
Ranunculaceae 미나리아재비	Clematis apiifolia	Thyris fenestrella Melanthia procellata		
	Aconitum pseudo-laeve var. erectum		Polychrysia splendida	Angerona nigrisparsa
Menispermaceae 방기	Cocculus trilobus	Oraesia emarginata		
Magnoliaceae 목련	Magnolia kobus	Caloptilia magnoliae		
Lauraceae 녹나	Lindera glauca	Eudemopsis tokui		
	Lindera obtusiloba	Corymica pryeri	Fascellina chromataria	
Fulmariaceae 현호색	Corydalis ochotensis			Clepsis rurinana
Rosaceae 장미	Prunus leveilleana	Anacampsis anisogramma Lomographa temerata	Pangrapta flavomacula	
	Prunus maackii			Acleris umbrana
	Prunus padus		Yponomeuta evonymellus Langia zenzeroides nawai	

Host plants		Monophagy	Oligophagy	Polyphagy
Rosaceae 장미	Pyrus pyrifolia		Catocala bella	Cystidia couaggaria Cnethodonta grisescens
	장미		Acleris comariana	
	Prunus serrulata var. spontanea		Acrobasis cymindella Conobathra squalidella Pangrapta obscurata Acronicta adaucta	
	Rubus crataegifolius	Lepteucosma huebneriana	Acleris enitescens	
	Crataegus pinnatifida		Ancylis repandana Conobathra bifidella	Acleris cristana Pandemis heparana
	Sorbaria sorbifolia var. stellipila			Eulia ministrana
	Malus baccata		Elcysma westwoodi Illiberis pruni Hupodonta corticalis Roeselia costalis	Lymantria lucescens
	Prunus salicina		Grapholita dimorpha	
	Spiraea fritschiana			Olethreutes siderana
	Sorbus alnifolia	Analthes maculalis	Acleris obligatoria Spilonota albicana	
	Rosa multiflora	Auaxa sulphurea		Malacosoma neustria testacea Amphipyra livida
Leguminosae 콩	Maackia amurensis	Agonopterix pallidor Anarsia bimaculata		
	Lespedeza bicolor	Xystophora psammitella Evippe albidorsella	Chiasmia hebesata Blasticorhinus rivulosa Chrysorithrum amatum Microxyla confusa	Chlorissa anadema Cusiala stipitaria
	Lespedeza maximowiczii	Fuscoptilia emarginatus Ancylis mandarinana Euthrix laeta	Hemipsectra fallax	
	Pueraria thunbergiana	Matsumuraeses vicina Omiodes noctescens	Paragabara flavomacula	
Geraniaceae 쥐손이	Geranium sibiricum			Idaea muricata
Rutaceae 운향	Orixa japonica	Agonopterix issikii		
	Phellodendron amurense	Agonopterix costamaculella		
Euphorbiaceae 대극	Securinega suffruticosa	Aristotelia mesotenebrella Deltophora fuscomaculata Pareupithecia spadix	Dysgonia obscura	
	Sapium japonicum	Gadirtha impingens		
Anacardiaceae 옻나무	Rhus chinensis	Fibuloides japonica Telphusa nephomicta Termioptycha nigrescens Ambulyx schauffelbergeri		

37

Host plants		Monophagy	Oligophagy	Polyphagy
Aquifoliaceae 감탕	Ilex macropoda	Synegia limitatoides		
Celastraceae 노박덩굴	Celastrus orbiculatus	Microcalicha seolagensis Zanclidia testacea	Acrobasis pseudodichromella Ceroprepes ophthalmicella Protoetiella bipunctella Spatulipalpia albistrialis	
	Tripterygium regelii		Acrobasis hollandella	
	Euonymus japonica	Yponomeuta meguronis		
	Euonymus sieboldiana	Ypsolopha longus Yponomeuta spodocrossus		
	Euonymus alatus for. ciliato-dentatus		Proteostrenia falcicula	
Staphyleaceae 고추	Staphylea bumalda	Acrodontis fumosa Tyspanodes striata		
Aceraceae단풍	Acer mono	Naryciodes posticalis Rhopalovalva exartemana		Choristoneura luticostana
	Acer palmatum	Togepteryx velutina Teleiodes paraluculella		Daemilus fulva
	Acer pseudo-sieboldianum	Oberthueria caeca Ptilodon ladislai Ptilophora nohirae		
	Acer ginnala	Faristenia acerella Altenia inscriptella		
	Acer triflorum	Endropiodes indictinaria		
Balsaminaceae봉선화	Impatiens noli-tangere	Xanthorhoe biriviata		
	Impatiens textori			Rhagastis mongoliana
Rhamnaceae갈매	Hovenia dulcis	Ancylis hylaea		
Vitaceae포도	Vitis amurensis		Sphecodina caudata	
	Ampelopsis brevipedunculata var. heterophylla	Antispila inouei Naganoella timandra		
Tiliaceae피나무	Tilia amurensis	Acleris aurichalcana Dimorphicosmia variegata		
Sterculiaceae 벽오동	Corchoropsis tomentosa	Acontia bicolor		
Actinidiaceae 다래	Actinidia arguta	Gandaritis whitelyi	Eustroma melancholicum	Xestia efflorescens
	Actinidia polygama	Gandaritis agnes Acosmeryx naga		
Theaceae 차나무	Eurya japonica	Pidorus glaucopis		
Cornaceae 층층	Cornus controversa	Auzata superba		Paralebeda plagifera
	Cornus walteri	Hedya tsushimaensis		
Ericaceae 진달래	Rhododendron yedoense var. poukhanense	Rhopobota macrosepalana Caloptilia azaleella		

Host plants		Monophagy	Oligophagy	Polyphagy
Ericaceae 진달래	*Rhododendron mucronulatum*	*Caloptilia leucothoes*		*Pandemis cinnamomeana*
	Rhododendron schlippenbachii	*Anacampsis lignaria*		*Acleris platynotana*
Symplocaceae 노린재	*Symplocos chinensis* var. *leucocarpa* for. *pilosa*	*Nephopterix maenamii* *Pseudepione magnaria*	*Cosmia sanguinea*	*Coleophora eteropennella*
Styracaceae 때죽	*Styrax japonica*	*Leiostola mollis*		
Oleaceae 물푸레	*Fraximus rhynchophylla*	*Acleris expressa* *Problepsis diazoma* *Pangrapta lunulata* *Pygopteryx suava*	*Craniophora ligustri*	*Archips ingentanus* *Homonopsis illotana* *Diurnea cupreifera* *Larerannis orthogrammaria*
	Ligustrum obtusifolium		*Palpita inusitata*	
Convolvulaceae 메꽃	*Pharbitis nil*		*Bedellia somnulentella*	
Verbenaceae 마편초	*Callicarpa japonica*	*Stathmopoda callicarpicola*		
	Clerodendron trichotomum			*Rhizosthenes falciformis*
Labiatae 꿀풀과	*Elsholtzia splendens*		*Dichomeris rasilella*	
	Caryopteris divaricata		*Anania (Proteurrhypara) ocellalis*	
	Perilla frutescens var. *japonica*	*Endothenia remigera*		*Lobesia aeolopa*
	Isodon inflexus		*Anania (Eurrhypara) lancealis* *Pyrausta mutuurai*	
	Stachys riederi var. *japonica*		*Anania (Phlyctaenia) coronatoides*	
	Isodon excisus		*Prochoreutis hadrogastra*	
	Elsholtzia ciliata	*Laciniodes unistirpis*	*Anterastria atrata*	*Ctenoplusia agnata*
Solanaceae 가지	*Capsicum annuum*		*Helicoverpa assulta*	
Phrymaceae 파리풀	*Phryma leptostachya* var. *asiatica*			*Herpetogramma magnum*
Rubiaceae 꼭두서니	*Paederia scandens*	*Goniorhynchus exemplaris* *Catarhoe obscura* *Macroglossum pyrrhostictum* *Neogurelca himachala sangaica*		
Caprifoliaceae 인동	*Weigela subsessilis*		*Ypsolopha yasudai*	
	Viburnum sargentii	*Oreta sambongsana*		
	Viburnum dilatatum		*Notarcha quaternalis*	
Compositae 국화	*Erigeron annuus*		*Chionarctia nivea*	
	Aster pilosus			*Nyssiodes lefuarius*
	Erechtites hieracifolia		*Platyptilia farfarellus*	

Host plants		Monophagy	Oligophagy	Polyphagy
Compositae 국화	Lactuca raddeana	Eucarta fasciata		
	Aster glehni	Hellinsia nigridactylus		
	Aster yomena	Cochylidia subroseana	Cucullia elongata	
	Artemisia princeps		Chlorissa obliterata Macdunnoughia purissima	
	Ixeris dentata			Trichoplusia ni
	Crassocephalum crepidioides		Platyptilia farfarellus	
	Siegesbeckia glabrescens		Dichomeris rasilella Anania (Eurrhypara) lancealis	
	Cirsium pendulum		Ostrinia zealis bipatrialis	

나방 유충과 성충

A-1 국명 없음 *Antispila inouei*

먹이식물 왕머루(*vitis amurensis*)

유충시기 9월
유충길이 5mm
우화시기 이듬해 4월
날개길이 7mm
채집장소 가평 명지산

유충은 잎 윗면과 아랫면 사이 잎살에 굴을 파고 산다. 먹은 잎은 부푼다. 다 자라면 이 부푼 잎을 타원형(장축 7㎜, 단축 5㎜)으로 잘라 붙이고 그 속에서 번데기가 된 뒤, 땅에 떨어져 겨울을 보내고 봄에 우화한다. 성충은 금속성 광택이 있고, 앞날개 전연과 후연에 삼각인 흰 무늬가 2개씩 있다.

번데기집

선충

성충 표본

A-2 깜둥이수염나방 *Paraclemensia incerta*

먹이식물 단풍나무(*Acer palmatum*), 신갈나무(*Quercus mongolica*), 벚나무(*Prunus serrulata* var. *spontanea*)

유충시기 8~9월
유충길이 5mm
우화시기 이듬해 2월
날개길이 12mm
채집장소 양구 용늪
　　　　　가평 용추계곡
　　　　　남양주 천마산

머리는 적갈색이고, 앞가슴에는 조금 길고 검은 줄무늬, 가운데와 뒷가슴에는 짧고 검은 줄무늬가 2개씩 있다. 몸은 납작한 편이다. 잎 2장으로 가운데가 조금 들어간 땅콩 모양 집을 만들고, 이것을 다른 잎에 붙인다. 집을 들락거리며 집을 붙인 잎의 잎살을 조금씩 뜯어 먹는다. 집 밑의 잎은 위의 것보다 작다. 몸이 더 자라면 잎을 더 크게 잘라 새 집을 만들고, 집 옆에 있는 잎을 굵은 잎맥만 남기고 먹는다. 종령의 집은 장축 12㎜, 단축 7㎜ 정도이고 모양은 들쑥날쑥하다. 다 자라면 나무줄기나 적당한 곳에 실로 집을 여러 군데 고정하고 번데기가 된다. 성충은 머리 가운데가 노랗다. 날개는 검지만 광택이 있어 빛 반사에 따라서 회색으로 보이기도 한다.

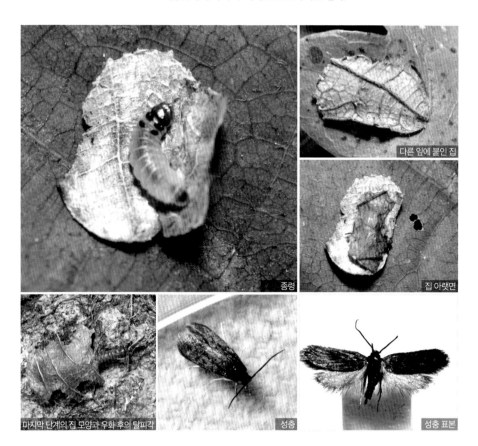

다른 잎에 붙인 집

종령

집 아랫면

마지막 단계의 집 모양과 우화 후의 탈피각

성충

성충 표본

B-1-1 상수리잎말이나방 *Acleris affinatana*

먹이식물 신갈나무(*Quercus mongolica*)

유충시기 8월
유충길이 12mm
우화시기 9월
날개길이 14~16mm
채집장소 인제 용늪

머리와 앞가슴등판은 검은색이다. 잎 기부에 통로 같은 질긴 막을 쳐놓고 숨어 살면서 집을 들락거리며 잎맥만 남기고 잎살을 먹는다. 잎 뒤에 흰 막을 치고 그 아래 다시 흰 막을 만든 뒤 번데기가 되어, 10일이 지나면 우화한다. 성충 앞날개 전연 중간에 역삼각처럼 생긴 띠무늬가 있다. 날개 색에 변이가 있다. 앞날개 전연이 약간 들어간 것을 근거로 동정했으나, 물참잎말이나방과 매우 비슷해 생식기 검경이 필요하다.

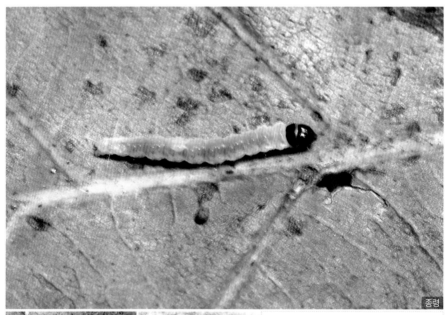

종령

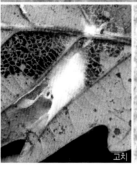

고치

성충

성충 표본

B-1-2 피나무잎말이나방 *Acleris aurichalcana*

먹이식물 피나무(*Tilia amurensis*)

유충시기 6월
유충길이 15mm
우화시기 6월
날개길이 20mm
채집장소 평창 오대산

머리는 적갈색이고 가슴과 배는 노란색이다. 잎을 가지 근처에 단단히 접어 붙이고 질긴 통로를 만들며, 똥도 붙이고 산다. 잎을 붙이고 번데기가 되어 16일이 지나면 우화한다. 성충 앞날개 바탕은 연한 노란색이고, 전연의 반과 후연 가운데에 걸쳐 아치 모양 갈색 무늬가 있다. 뒷날개는 흑갈색이다. 날개 색과 무늬에 변이가 많아 갈색 무늬가 없는 것도 있다.

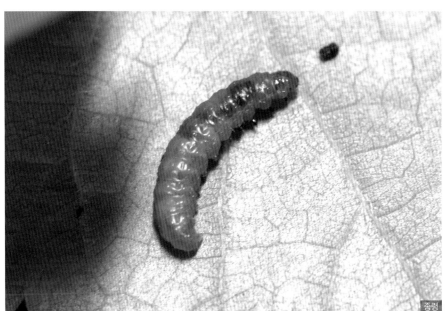

종령

성충

성충 표본

B-1-3 아그배잎말이나방 *Acleris comariana*

먹이식물 마가목(*Sorbus commixta*)

유충시기 5월
유충길이 13mm
우화시기 6월
날개길이 15~17mm
채집장소 울릉도

중령 머리는 검은색이나 종령이 되면 머리는 적갈색이 되고, 앞가슴 등판 양쪽에 검은 점무늬가 생긴다. 주맥을 중심으로 잎을 길게 접어 단단히 붙여 놓고 한쪽 면을 먹는다. 성충 날개 색과 무늬에 변이가 있지만 공통으로 앞날개 전연에 끝이 잘린 역삼각인 적갈색 무늬가 있다.

종령

중령

성충

성충 표본

B-1-4 노랑띠무늬잎말이나방 *Acleris conchyloides*

먹이식물 신갈나무(*Quercus mongolica*), 졸참나무(*Quercus serrata*) 따위 참나무류(Oak trees)

유충시기 5월
유충길이 13mm
우화시기 5월
날개길이 15~17mm
채집장소 남양주 천마산

머리와 앞가슴등판은 검은색이고 가슴과 배는 녹색이다. 잎을 접어 붙이고 그 속에서 번데기가 되어 10일이 지나면 우화한다. 성충 앞날개 중간에 사선으로 넓고 연한 노란색 띠무늬가 있다. 그 사선 옆으로 약간 솟은 검은 털 다발이 줄지어 있다.

종령

성충

성충 표본

B-1-5 깃털무늬잎말이나방 *Acleris cristana*

먹이식물 산사나무(*Crataegus pinnatifida*)

유충시기 5~6월
유충길이 18mm
우화시기 6월
날개길이 22mm
채집장소 가평 명지산
　　　　 가평 용추계곡

머리는 적갈색, 앞가슴등판은 검은색, 가슴과 배는 연두색이다. 가는 가지 사이에 잎을 붙이거나 잎을 여러 장 붙여 길고 질긴 방을 만들고, 똥도 붙이며 지저분하게 산다. 잎을 붙이고 번데기가 되어 16일이 지나면 우화한다. 성충 앞날개 전연 가운데는 약간 움푹하다. 앞날개 중간에 있는 꽃봉오리 같이 솟은 털 다발이 특징이며 후연은 연갈색이다. 날개 색상과 무늬에 변이가 아주 많다.

종령

성충

성충 표본

성충 표본

B-1-6 멍석딸기잎말이나방 *Acleris enitescens*

먹이식물 산딸기(*Rubus crataegifolius*)

유충시기 7~8월
유충길이 10mm
우화시기 7~8월
날개길이 11.5~14mm
채집장소 가평 명지산
　　　　 가평 축령산
　　　　 하남 검단산

머리는 살구색이고 앞가슴등판 양쪽에 둥글고 검은 무늬가 있다. 산딸기 어린 잎 여러 장을 꼬깃꼬깃 붙이고, 그 잎을 먹으며, 똥도 그 속에 붙여 놓고 산다. 성충 앞날개 전연은 활 모양으로 둥글게 휘고 황갈색이다. 날개 중간과 외연 가까이에 작은 갈색 털 다발이 솟아 있고 푸르스름한 회색 무늬가 있다.

종령

성충

성충 표본

49

B-1-7 파도무늬잎말이나방 *Acleris expressa*

먹이식물 물푸레나무(*Fraxinus rhynchophylla*)

유충시기 6월, 8월
유충길이 18mm
우화시기 7월, 9월
날개길이 18~21mm
채집장소 가평 석룡산
　　　　　가평 용추계곡

머리는 갈색이고 앞가슴등판 양쪽에 검은 점무늬가 있으며 가슴과 배는 녹색이다. 잎을 붙이거나 말아 그 속에 통로를 만든다. 어려서는 잎의 한쪽 면만 먹다가 종령이 되면 붙인 잎의 앞 부분을 먹는다. 잎을 붙이고 번데기가 되어 14~17일이 지나면 우화한다. 성충 앞날개는 회갈색이고 기부와 중간에 솟은 털 다발이 있다. 앞날개 전연 중간에 삼각인 검은 무늬가 있고 기부와 중간에는 가로로 검은 무늬가 있다.

종령

성충

성충

성충 표본

성충 표본

B-1-8 애우묵잎말이나방 *Acleris issikii*

먹이식물 갯버들(*Salix gracilistyla*)

유충시기 **8월**
유충길이 **12mm**
우화시기 **9월**
날개길이 **21mm**
채집장소 **인제 용늪**

머리는 갈색이고 앞가슴등판은 연두색이다. 이린 잎을 여러 장 길게 붙이고 그 속에 질긴 방을 만들고 산다. 잎을 붙이고 번데기가 되어 13일이 지나면 우화한다. 성충 앞날개는 회색이고 전연 가운데는 움푹하다. 움푹한 부분은 굴곡졌으며 노란색이고, 후연은 황갈색이다.

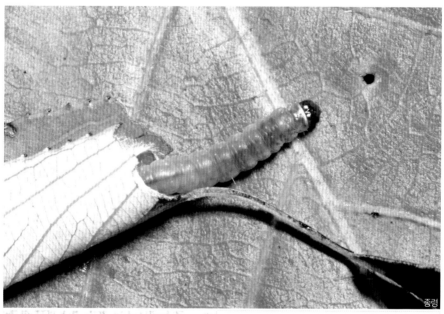

종령

성충

성충 표본

B-1-9 흰색잎말이나방 *Acleris japonica*

먹이식물 느릅나무(*Ulmus davidiana* var. *japonica*), 느티나무(*Zelkova serrata*)

유충시기 8월
유충길이 13mm
우화시기 9월
날개길이 15.5~16.5mm
채집장소 남양주 천마산
　　　　 포항 내연산

머리는 주황색이고 앞가슴등판 양쪽에는 작고 검은 점무늬가 있다. 잎을 접어 붙이고 살며 그 속에서 번데기가 되어 12일이 지나면 우화한다. 성충 앞날개 기부에서 2/3 되는 지점은 흰색이고 그 위에 가는 회색 줄무늬가 있다. 기부에서 조금 떨어진 후연에 작고 검은 점무늬가 있다.

종령

성충

성충 표본

B-1-10 선비잎말이나방 *Acleris logiana*

먹이식물 물박달나무(*Betula davurica*), 자작나무(*Betula platyphylla* var. *japonica*)

유충시기 8~9월
유충길이 17mm
우화시기 9월
날개길이 19~21mm
채집장소 양구 광치자연휴양림
　　　　　남양주 천마산
　　　　　양평 비솔고개

머리는 갈색이고 앞가슴등판은 흑갈색이다. 잎을 접어 붙이고 한 면만 먹는다. 잎을 붙이고 번데기가 되어 16일이 지나면 우화한다. 성충 앞날개는 회백색이고 전연 중간에서 후연에 이르기까지 작은 털 다발이 사선으로 줄지어 있다.

종령

종령

성충

성충 표본

B-1-11 꼬마노랑잎말이나방 *Acleris obligatoria*

먹이식물 팥배나무(*Sorbus alnifolia*)

유충시기 8월
유충길이 10mm
우화시기 9월
날개길이 12.5mm
채집장소 밀양 재약산

머리는 살구색이다. 잎 2장을 단단히 붙이고 그 속에서 한 면만 먹는다. 잎을 붙이고 번데기가 되어 11일이 지나면 우화한다. 성충 앞날개는 황갈색이고 기부 쪽에 끝이 잘린 삼각인 노란 무늬가 있다. 기부에서 2/3 되는 지점과 외연부에 굵은 황토색 띠무늬가 있으며 그 속에 짙은 갈색과 은색 점무늬가 있다.

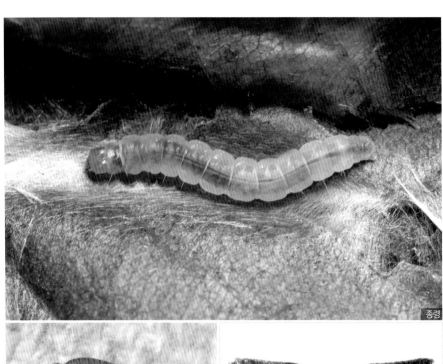
종령

성충

성충 표본

B-1-12 평행줄잎말이나방 *Acleris platynotana*

먹이식물 철쭉(*Rhododendron schlippenbachii*)

유충시기 8월
뉴충길이 15mm
우화시기 9월
날개길이 18mm
채집장소 가평 명지산

머리는 주황색이고 앞가슴등판은 양쪽에 검은 점무늬가 있다. 광식성이며, 잎을 붙이고 번데기가 되어 18일이 지나면 우화한다. 성충 앞날개는 적갈색이고, 평행하는 노란 사선이 2개 있어 동정하기 쉽다. 1년에 2회 발생한다.

종령

중령

성충

성충 표본

B-1-13 참느릅잎말이나방 *Acleris ulmicola*

먹이식물 느릅나무(*Ulmus davidiana* var. *japonica*)

유충시기 7월, 8월
유충길이 15mm
우화시기 8월, 9월
날개길이 15mm
채집장소 가평 축령산
　　　　 원주 치악산

머리는 적갈색이다. 앞가슴등판은 연한 갈색이고 양쪽에 크고 검은 점무늬가 있으며, 배는 백록색이다. 잎을 포개어 붙이고 아래쪽 잎을 잎맥만 남기고 먹는다. 잎을 접어 붙이고 번데기가 되어 1주일이 지나면 우화한다. 성충은 여름형과 가을형이 다르다. 여름형 앞날개는 미색이며, 전연에 삼각인 흑갈색 무늬가 있고 사선으로 연갈색 점선이 있다. 가을형 앞날개는 회갈색 바탕에 갈색 띠무늬가 사선으로 있다.

종령

성충 여름형

성충 가을형

성충 여름형 표본

성충 가을형 표본

B-1-14 검줄무늬잎말이나방 *Acleris umbrana*

먹이식물 개벚지나무(*Prunus maackii*)

유충시기 8월
유충길이 15mm
우화시기 9월
날개길이 22mm
채집장소 정선 가리왕산

머리는 적갈색, 앞가슴등판은 검은색이고 가슴과 배는 투명한 백록색이다. 광식성으로 잎을 붙이고 그 잎을 먹는다. 잎을 붙이고 번데기가되어 24일이 지나면 우화한다. 가을에 성충이 되어 월동한다. 성충 앞날개는 고동색이고, 기부에서 날개 끝까지 사선으로 굵은 흑자색 줄무늬가 있다. 사선 중간에 큰 비늘 다발이 꽃 모양으로 있고, 여러 곳에 작은 비늘 다발이 있다.

종령

성충

성충 표본

B-1-15 왕사과잎말이나방 *Archips ingentanus*

먹이식물 물푸레나무(*Fraxinus rhynchophylla*)와 여러 나무

유충시기 5월
유충길이 20~23mm
우화시기 6월
날개길이 20~25mm
채집장소 가평 용추계곡
　　　　　양평 용문산

머리는 검은색이다. 앞가슴등판은 녹갈색이고 양쪽에 둥글고 검은 무늬가 있으며 머리와 경계인 부분은 흰색이다. 가슴과 배 아랫면은 미색이다. 가슴과 배 윗면은 쑥색이었다가 종령이 되면 색이 엷어진다. 잎을 말거나 접어 붙이고서 먹는다. 잎을 붙이고 번데기가 되어 1주일이 지나면 우화한다. 성충 앞날개는 연한 갈색이며 전체에 그물망 같은 무늬가 있고, 사선은 색이 더 짙다. 전연의 두 곳과 후연 근처에 어두운 부분이 있다. 뒷날개 앞쪽 반은 연한 노란색이고 뒤쪽 반은 엷은 검은색이다. 수컷 앞날개 기부의 전연은 접혀 있다. 암컷과 수컷은 모두 무늬에 변이가 많다. 암수의 크기 차이가 크다.

종령

성충 수컷

성충 암컷

성충 수컷 표본

성충 암컷 표본

B-1-16 네줄잎말이나방 *Archips pulchra*

먹이식물 전나무(*Abies holophylla*)

유충시기	5월
유충길이	22mm
우화시기	6월
날개길이	20~23mm
채집장소	인제 방태산

머리와 앞가슴등판은 검고 가슴과 배는 녹색이다. 새순을 여러 개 단단히 붙여 몸을 완전히 가리고 그 속에서 잎을 먹는다. 잎을 붙이고 번데기가 되어 10일이 지나면 우화한다. 성충 앞날개에는 회색과 갈색 줄무늬 4개가 번갈아 있고 뒷날개는 흑갈색이다.

종령

성충

성충 표본

B-1-17 앞노랑사과잎말이나방 *Choristoneura luticostana*

먹이식물 고로쇠나무(*Acer mono*)

유충시기 **5월**
유충길이 **20mm**
우화시기 **6월**
날개길이 **30mm**
채집장소 **평창 오대산**

머리는 검은색, 앞가슴등판은 황갈색, 가슴과 배는 짙은 쑥색이다. 잎을 접어 붙이고 살며, 그 속에서 번데기가 되어 1주일이 지나면 우화한다. 성충 날개는 크다. 앞날개는 황갈색이며 전연은 밝은 노란색이고, 뒷날개는 흑갈색이다.

종령

성충

성충 표본

B-1-18 반백잎말이나방 *Clepsis rurinana*

먹이식물 눈괴불주머니(*Corydalis ochotensis*), 산씀바귀(*Lactuca raddeana*)

유충시기 5월, 7~8월
유충길이 10~12mm
우화시기 5월, 8월
날개길이 15~19mm
채집장소 남양주 천마산
　　　　 양평 비솔고개

머리는 살구색이고 여기에 작은 삼각인 갈색 무늬가 4개 있다. 앞가슴등판은 검은색이고 여기에 흰 줄무늬가 2개 있다. 가슴과 배는 회색이고 털받침은 흰색이다. 광식성이고, 잎을 여러 장 단단히 붙이고 살며 똥은 밖으로 쏘아 버린다. 잎을 붙이고 번데기가 되어 1주일이 지나면 우화한다. 성충 앞날개는 연한 황갈색이고 갈색 사선은 후연으로 갈수록 굵어진다.

종령

종령　성충　성충 표본

B-1-19 횡줄가는잎말이나방 *Cochylidia subroseana*

먹이식물 쑥부쟁이(*Aster yomena*)

유충시기 7월
유충길이 6mm
우화시기 7월
날개길이 10mm
채집장소 양평 고가수

작고 통통하며 투명하다. 줄기 끝에 난 어린 잎을 여러 장 붙이고 그 속에 산다. 먹고 남긴 잎 자락은 검게 녹는다. 먹이가 없으면 줄기 속도 파먹는다. 잎을 붙이고 번데기가 되어 1주일이 지나면 우화한다. 성충 앞날개의 기부 쪽 반은 흰빛이 도는 갈색이고, 가운데 굵은 갈색 사선이 있으며 사선 바깥은 회색과 갈색이 뒤섞여 있다.

종령

성충

성충 표본

B-1-20 빗살무늬잎말이나방 *Daemilus fulva*

먹이식물 단풍나무(*Acer palmatum*)

유충시기 5월
유충길이 15mm
우화시기 6월
날개길이 14mm
채집장소 포천 광릉수목원

머리와 앞가슴등판은 살구색이고 가슴과 배는 엷은 황록색이며 잎을 말아 붙이고 산다. 성충 앞날개는 황토색이고 날개 중간에 미색으로 둘린 갈색 사선이 있다. 기부에서 1/3 되는 지점까지 후연에서 전연을 향해 줄무늬 3개가 나란히 있다. 전연의 접힌 부분은 흰색을 띤다.

종령

성충

성충 표본

B-1-21 민무늬잎말이나방 *Eulia ministrana*

먹이식물 쉬땅나무(*Sorbaria sorbifolia* var. *stellipila*)

유충시기 8~9월
유충길이 18mm
우화시기 10월
날개길이 22mm
채집장소 인제 용늪

머리는 검고 가슴과 배는 연두색이다. 잎을 한 장이나 여러 장 접어 붙이고 붙인 잎 앞쪽 부분을 먹는다. 여러 식물을 먹는 광식성이다. 잎을 말아 그 속에서 번데기가 되어 18일이 지나면 우화한다. 성충 앞 날개는 연한 노란색이고 후연에서 중앙까지의 반원 부분, 외연은 짙은 노란색이다. 횡맥에는 흰 점무늬가 있으나 잘 보이지 않는다.

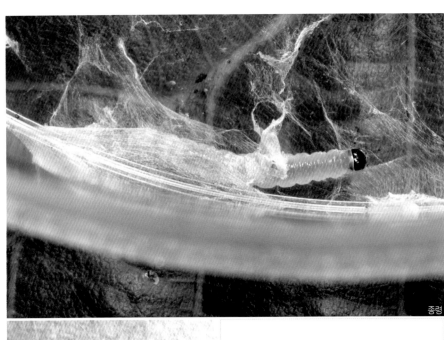
종령

성충

성충 표본

B-1-22 버찌가는잎말이나방 *Eupoecilia ambiguella*

먹이식물 등골나물(*Eupatorium lindleyanum*), 쑥(*Artemisia princeps*), 참취(*Aster scaber*)

유충시기 9~10월
·유충길이 9mm
우화시기 10월
날개길이 11mm
채집장소 가평 아침고요수목원
　　　　　하남 검단산

머리는 적갈색, 앞가슴등판은 검은색이고 가슴과 배는 적자색으로 동통하다. 꽃이나 열매를 실로 묶어 집을 만들고서 먹는다. 광식성이며, 똥도 붙인 채 그 속에서 번데기가 되었다가 약 1달이 지나면 우화한다. 성충 앞날개는 연한 황갈색이고 가운데 전연에서 후연에 이르기까지 검은 줄무늬가 있다. 1년에 3회 발생하기도 한다.

종령

씨앗과 자신의 배설물 속에 있는 노숙 유충　　　성충　　　성충 표본

B-1-23 둥근날개잎말이나방 *Homonopsis illotana*

먹이식물 물푸레나무(*Fraxinus rhynchophylla*), 주목(*Taxus cuspidata*)

유충시기 4~5월
유충길이 20mm
우화시기 5월
날개길이 22mm
채집장소 가평 명지산
　　　　남양주 천마산

머리에는 작은 삼각무늬가 4개 있고 앞가슴등판 양쪽에 검은 점무늬가 있다. 가슴과 배는 회색빛 도는 녹색이고 가슴과 배 윗면 중간에 흰 줄무늬가 하나 있다. 어린 잎을 여러 장 붙이고 그 속에 길고 질긴 통로를 만들고 산다. 사육한 개체는 샬레 뚜껑에 고치를 만들고 번데기가 되어 10일이 지나 우화했다. 성충 앞날개는 갈색이고 은색 점무늬가 산재하며, 날개 끝 삼각 부분은 색이 더 짙다.

종령 윗면

종령 옆면　　성충　　성충 표본

B-1-24 흰머리잎말이나방 *Pandemis cinnamomeana*

먹이식물 진달래(*Rhododendron mucronulatum*)

유충시기 7월
유충길이 20mm
우화시기 9월
날개길이 23mm
채집장소 하남 검단산

머리는 살구색이다. 앞가슴등판은 연두색이고 양쪽에 자고 검은 점무늬가 있다. 잎을 붙이거나 말고 그 속에서 산다. 여러 식물을 먹는 광식성이다. 어려서는 잎의 왁스층만 남기며 먹다가 종령이 되면 잎을 다 먹는다. 잎을 붙이고 번데기가 되어 9일이 지나면 우화한다. 성충 앞날개는 갈색이며, 평행한 사선은 노란색에 둘린 짙은 갈색이다. 뒷날개 앞부분은 연한 노란색이고 뒷부분은 약간 검다. 비슷한 종이 몇몇 있어 생식기 검경이 필요하다.

중령

종령

번데기가 되려고 잎을 붙인 모양

성충

성충 표본

B-1-25 갈색잎말이나방 *Pandemis heparana*

먹이식물 산사나무(*Crataegus pinnatifida*)

유충시기 7월
유충길이 18mm
우화시기 8월
날개길이 20mm
채집장소 가평 화악산

머리는 황록색, 가슴과 배는 연한 녹색이다. 잎을 붙이고 살며 그 속에서 번데기가 되어 1주일이 지나면 우화한다. 성충 앞날개는 갈색이고 날개 중간에 있는 사선은 노란색으로 둘린 흑갈색이다. 가운데가 부풀어 있어 이것으로 갈색띠무늬잎말이나방과 구별한다.

종령

성충

성충 표본

B-1-26 낙엽송거미줄잎말이나방 *Ptycholomoides aeriferana*

먹이식물 낙엽송(*Larix leptolepis*)

유충시기 **6월**
유충길이 **15mm**
우화시기 **7월**
날개길이 **22mm**
채집장소 **양평 비솔고개**

머리는 밝은 갈색이다. 가슴과 배는 녹색이고, 가슴과 배 윗면 양쪽에 짙은 녹색 줄무늬가 있다. 잎을 붙이고 번데기가 되어 10일이 지나면 우화한다. 성충 앞날개의 기부와 전연 중간에서 후연에 이르는 사선은 흑자색이고 나머지는 회갈색이며, 날개 전체에는 그물무늬가 있다.

종령

성충

성충 표본

B-2-1 갈색반원애기잎말이나방 *Acroclita catharotorna*

먹이식물 팽나무(*Celtis sinensis*)

유충시기 9월
유충길이 12mm
우화시기 이듬해 3월
날개길이 13mm
채집장소 청송 주왕산

종령 머리는 살구색이고 갈색 점무늬가 2개 있으며, 갈색인 앞가슴등판 양쪽에 작고 검은 점무늬가 있다. 가슴과 배는 검은빛이 도는 녹색이고 털받침은 흰색이다. 어려서는 잎 2장을 포개어 붙이고 한쪽 면만 먹지만 종령이 되면 잎맥만 남기고 먹는다. 잎을 붙이고 번데기가 되어 이듬해 봄에 우화한다. 성충 앞날개의 전연 쪽 기부와 외연 뒷부분은 미색이며, 날개 끝은 갈색이고 갈고리 모양이다. 기부에서 2/3 되는 지점까지 회색과 흑갈색 물결무늬가 있다.

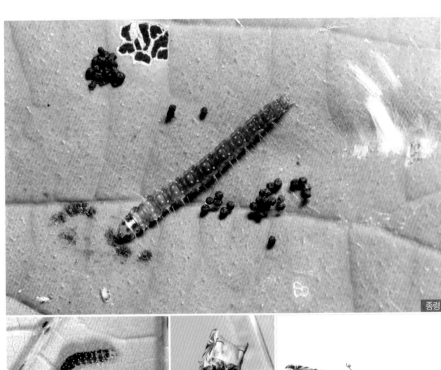
종령

중령

성충

성충 표본

B-2-2 대추애기잎말이나방 *Ancylis hylaea*

먹이식물 헛개나무(*Hovenia dulcis*)

유충시기	5월, 8월
유충길이	12~13mm
우화시기	6월, 9월
날개길이	13.5~15.5mm
채집장소	가평 호명산, 울릉도

머리와 앞가슴등판은 검은색이고 가슴과 배는 연둣빛이 도는 쑥색이다. 잎 2장을 단단히 붙이고 그 속에 통로를 만들어 놓고 들락거리며 잎을 먹는다. 성충 앞날개 전연 끝이 갈고리처럼 생겨서 알아보기 쉽다. 1년에 2회 발생한다.

*『일본산아류표준도감』에는 *Ancylis hylaea*는 *A. sativa*를 오동정한 것이라고 나온다.

종령

성충

성충 표본

B-2-3 싸리애기잎말이나방 *Ancylis mandarinana*

먹이식물 잡싸리(*Lespedeza xschindleri*), 조록싸리(*Lespedeza maximowiczii*)

유충시기 **9월**
유충길이 **12mm**
우화시기 **11월**
날개길이 **13mm**
채집장소 **평창 오대산**

머리와 앞가슴등판은 살구색이고 앞가슴에는 둥글고 검은 점무늬가 있으며 가슴과 배는 녹색 빛이 돈다. 다 자라면 가슴과 배는 노란색으로 변한다. 잎 2장을 겹쳐 붙여 놓고 바깥쪽 면을 남기고 먹는다. 붙은 잎 13장을 열어 보았지만 겨우 한 마리만 찾았다. 비슷한 종이 많다. 성충 앞날개 후연 끝에 뚜렷한 무늬가 없는 것과 전연과 기부에 걸친 둥근 무늬에 넓게 미색이 있는 것을 근거로 동정했다.

종령

노숙 유충

성충

성충 표본

B-2-4 살구애기잎말이나방 *Ancylis repandana*

먹이식물 벚나무(*Prunus serrulata* var. *spontanea*), 산딸기(*Rubus crataegifolius*),
　　　　산사나무(*Crataegus pinnatifida*), 야광나무(*Malus baccata*) 따위 장미과 식물

유충시기 6월, 9~10월
유충길이 10mm
우화시기 6월, 이듬해 1~3월
날개길이 12mm
채집장소 남양주 축령산
　　　　하남 검단산

머리는 살구색이고, 가슴과 배는 흰빛이 도는 연두색이다. 앞가슴등판 양쪽에 작은 점무늬가 있다. 종령이 되면 가슴과 배가 노란색으로 변한다. 잎 2장을 붙이고 바깥쪽 면을 남기고 먹는다. 똥을 붙인 잎 속에 붙여 놓는다. 잎을 붙이고 번데기가 되어 8일이 지나면 우화한다. 가을형은 유충으로 월동하며, 번데기가 되어 약 1달이 지나면 우화한다. 성충 앞날개는 흑자색이고 끝은 갈고리처럼 생겼으며 그 뒷부분에 엷은 황토색 반원무늬가 있다.

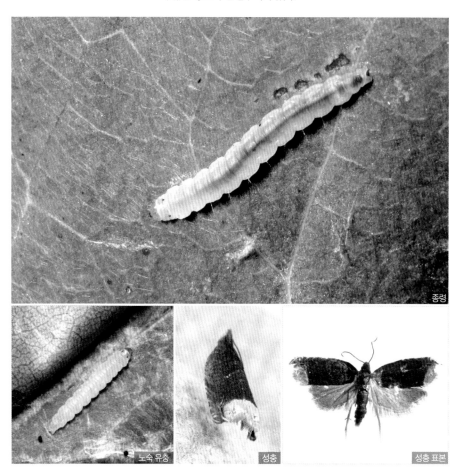

종령

노숙 유충　　　성충　　　성충 표본

B-2-5 검정애기잎말이나방 *Endothenia remigera*

먹이식물 들깨(*Perilla frutescens* var. *japonica*) 줄기의 혹

유충시기 9월
유충길이 13mm
우화시기 11월
날개길이 14mm
채집장소 서울 길동생태공원

머리와 앞가슴등판은 흑갈색이다. 들깨 줄기 윗부분에 혹이 있고 그 혹에 잎이 여러 장 붙어 있다. 혹에는 구멍이 있고 작고 검은 똥이 붙어 있다. 혹과 줄기 속의 골을 먹으며 산다. 줄기 속에서 번데기가 되어 약 1달이 지나면 우화한다. 성충 앞날개는 검은색, 회청색, 황갈색이 섞여 있다. 후연 중간쯤에 타원형처럼 생긴 연갈색 무늬가 있고 그 무늬 속에 회청색 무늬가 있다.

종령

유충이 만든 혹

선충

성충 표본

B-2-6 끝회색애기잎말이나방 *Epinotia ulmi*

먹이식물 느릅나무(*Ulmus davidiana* var. *japonica*)

유충시기 **5월**
유충길이 **12㎜**
우화시기 **6월**
날개길이 **15mm**
채집장소 **평창 오대산**

머리와 앞가슴등판은 검은색이다. 가슴과 배는 미색이며 적갈색 점 (딜받침)이 있고 항문판은 흑자색이다. 잎을 꼬깃꼬깃하게 접어 붙이고 산다. 잎을 붙이고 번데기가 되어 12일이 지나면 우화한다. 성충 앞날개 후연과 끝은 엷은 회색이며 여기에 짧은 갈색 줄무늬가 있고, 나머지 부분은 적갈색을 띤다.

종령

종령   성충   성충 표본

B-2-7 둥근점애기잎말이나방 *Eudemopsis tokui*

먹이식물 감태나무(*Lindera glauca*)

유충시기 4~5월
유충길이 10mm
우화시기 5월
날개길이 15mm
채집장소 밀양 재약산

머리는 살구색, 가슴과 배는 녹색이다. 어린 잎을 여러 장 붙이고 붙인 잎에 여기저기 구멍을 내면서 먹는다. 잎을 붙이고 번데기가 되어 18일이 지나면 우화한다. 성충 앞날개는 기부에서 반 정도는 회색이고 기부 후연 가까이에 흑갈색 무늬가 있다. 이것으로 비슷한 종과 구별한다.

종령

성충

성충 표본

B-2-8 **국명 없음** *Fibuloides japonica*

먹이식물 붉나무(*Rhus chinensis*) 열매

유충시기 **10월**
유충길이 **13mm**
우화시기 **11월**
날개길이 **16mm**
채집장소 **밀양 신불산**

노숙하는 개체는 머리와 앞가슴등판은 적갈색이고 배 전체도 붉은색을 띤다. 붉나무 열매와 자신의 똥을 실로 붙이고, 씨앗 껍질을 먹는다. 잎을 잘라 붙이고 번데기가 되어 20일이 지나면 우화한다. 성충 앞날개에는 회색과 갈색 물결무늬가 섞여 있고 전연 가운데에 삼각인 검은 무늬가 있다. 일본에서 5월에 붉나무 어린 가지를 파고 들어가 먹고, 가을에 붉나무 충영인 오배자 속을 먹는 것이 발견되었다. 따라서 이 종은 시기에 따라 붉나무의 여러 부분을 먹는 것으로 보인다.

열매를 붙인 모양

종령

번데기가 되려고 잎을 붙인 모양

성충

성충 표본

B-2-9 복숭아순나방붙이 *Grapholita dimorpha*

먹이식물 자두나무(*Prunus salicina*) 열매

유충시기 6~7월
유충길이 10mm
우화시기 7~8월
날개길이 12.5~14mm
채집장소 하남 검단산

머리는 살구색이고 가슴과 배는 불그스름하다. 자두 열매의 과육을 먹고 그곳에 똥을 붙여 놓는다. 유충이 든 열매에는 진이 흐른다. 과육 속에서 번데기가 되었다가 우화한다. 성충 앞날개는 짙은 회갈색이고 여기에 물결무늬가 많지만 뚜렷하지는 않다. 날개 끝에 회색 무늬가 있고, 짙은 갈색 줄무늬도 4개 있지만 역시 잘 보이지 않는다.

종령

유충이 든 자두

성충

성충 표본

B-2-10 수리큰점애기잎말이나방 *Hedya inornata*

먹이식물 신갈나무(*Quercus mongolica*)

유충시기 **5월**
유충길이 **18mm**
우화시기 **5월**
날개길이 **22mm**
채집장소 서울 상일동근린공원

머리는 검은색이고 가슴과 배는 검은빛이 도는 녹색이다. 앞가슴등판에 작고 검은 점무늬가 있고, 앞가슴 앞쪽에 흰 줄무늬가 있다. 털받침은 검은색이다. 잎을 말아 붙이고 산다. 잎을 오려 붙이고 번데기가 되어 2주가 지나면 우화한다. 성충 앞날개에는 갈색과 회색, 검은색 물결무늬가 있고, 날개 끝 가까이에는 갈색 잎무늬가 있다.

종령

성충

성충 표본

B-2-11 흰점애기잎말이나방 *Hedya tsushimaensis*

먹이식물 말채나무(*Cornus walteri*)

유충시기 8월
유충길이 16mm
우화시기 9월
날개길이 18mm
채집장소 포항 내연산

머리는 살구색이고, 앞가슴등판은 연두색이며 양쪽에 검은 올챙이 같은 무늬가 있다. 가슴과 배도 연두색이다. 잎을 붙인 뒤 바깥쪽 면을 남기고 먹는다. 잎을 잘라 붙이고 번데기가 되어 10일이 지나면 우화한다. 성충 앞날개는 회청색이며 여기에 흑갈색 줄무늬가 있다. 전연에는 짧고 흰 사선이 중간 앞쪽에 2쌍, 중간 뒤쪽에 3쌍 있다.

종령

성충

성충 표본

B-2-12 홍점애기잎말이나방 *Lepteucosma huebneriana*

먹이식물 산딸기(*Rubus crataegifolius*)

유충시기 7~8월
유충길이 10~12mm
우화시기 7~8월
날개길이 11~14mm
채집장소 가평 화악산
　　　　 가평 명지산

머리와 앞가슴등판, 항문판은 검은색이며, 배와 털받침은 회색이다. 어린 잎 여러 장을 쭈글쭈글하게 해서 단단히 붙이고 그 속에 질긴 방을 만들어 산다. 멍석딸기잎말이나방 유충과 생활 방식이 거의 같고 발생 시기도 비슷하므로 유충을 확인해야 한다. 성충 앞날개 기부에서 1/3, 전연에서 1/3 되는 지점에 흑청색 줄무늬가 있으나, 후연 기부에서 2/3 되는 지점에는 큰 적갈색 무늬가 있고 그 바깥은 엷은 갈색이다.

종령

성충

성충 표본

B-2-13 어리무늬애기잎말이나방 *Lobesia aeolopa*

먹이식물 들깨(*Perilla frutescens* var. *japonica*)

유충시기 **9월**
유충길이 **8mm**
우화시기 **10월**
날개길이 **12mm**
채집장소 **서울 상일동**

머리는 적갈색, 가슴과 배는 자갈색이다. 잎을 붙여 긴 통로를 만들고 그리로 들락거리며 먹는다. 씨앗도 빼 먹는다. 잎을 붙이고 번데기가 되어 20일 정도 되면 우화한다. 1년에 여러 번 발생한다. 성충은 비슷한 종이 많아 생식기 검경이 필요하다.

종령

성충

성충 표본

B-2-14 해당화애기잎말이나방 *Lobesia yasudai*

먹이식물 느티나무(*Zelkova serrata*)

유충시기 **5월**
유충길이 **8mm**
우화시기 **6월**
날개길이 **10mm**
채집장소 **가평 용추계곡**

머리는 연갈색이고 가슴과 배는 자갈색이다. 느티나무 줄기를 중심으로 잎 여러 장을 실로 단단히 붙인 뒤 그 속에 질긴 통로를 만들고 똥을 붙이고 산다. 광식성이며 느티나무알락명나방과 함께 시든 잎 속에 있다. 잎을 붙이고 번데기가 되어 8일이 지나면 우화한다. 성충은 점박이산애기잎말이나방과 너무 비슷해 생식기 검경이 필요하다.

종령

잎을 붙인 모양

성충

성충 표본

B-2-15 국명 없음 *Matsumuraeses vicina*

먹이식물 칡(*Pueraria thunbergiana*)

유충시기 5~6월
유충길이 10mm
우화시기 6월
날개길이 15mm
채집장소 양평 산음휴양림

머리와 앞가슴등판은 살구색이고 가슴과 배는 연녹색이다. 어린 잎을 묶어 붙이고 먹는다. 잎을 붙이고 그 속에서 번데기가 되어 13일이 지나면 우화한다. 사육 통 뚜껑을 열면 비린내가 많이 났다. 성충 앞날개에는 연한 고동색과 황토색이 줄무늬를 이루며 섞여 있다. 아외연선에는 짧은 고동색 줄무늬가 줄지어 있다.

종령

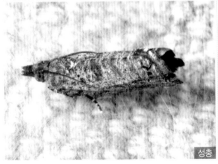
성충

성충 표본

B-2-16 버들애기잎말이나방 *Metendothenia atropunctana*

먹이식물 물박달나무(*Betula davurica*)

유충시기 **7월**
유충길이 **15mm**
우화시기 **8월**
날개길이 **14mm**
채집장소 **가평 화악산**

머리는 적갈색이고 앞가슴등판은 검은색, 가슴과 배는 흑록색이다. 주맥을 중심으로 잎을 접어 붙여 풍선처럼 만들고 바깥쪽 면을 남기고 먹는다. 그 속에서 번데기가 되어 12일이 지나면 우화한다. 성충 앞날개의 2/3는 검은색이고 바깥쪽은 희미한 적갈색이며 그 속에 작고 검은 점무늬가 있다. 물박달나무를 포함한 자작나무과 식물을 먹는다.

종령

성충

성충 표본

B-2-17 뽕큰애기잎말이나방 *Olethreutes mori*

먹이식물 뽕나무(*Morus alba*)

유충시기 5~6월
유충길이 18mm
우화시기 6월
날개길이 19~21mm
채집장소 단양 소백산

머리는 흑갈색이고 가슴과 배는 녹색이다. 들락거릴 수 있을 정도로 잎 양쪽을 잡아 당겨 붙이고 산다. 잎을 붙이고 번데기가 되어 10일 정도면 우화한다. 성충 앞날개에는 갈색과 회갈색이 섞여 있으며, 가운데 미역 줄기 같은 적갈색 무늬가 있다.

종령

성충

성충 표본

B-2-18 달구지애기잎말이나방 *Olethreutes siderana*

먹이식물 참조팝나무(*Spiraea fritschiana*)

유충시기 5월
유충길이 15mm
우화시기 5~6월
날개길이 14~18mm
채집장소 인제 내설악
평창 오대산

머리와 앞가슴등판, 항문위판은 검은색이고 앞가슴 앞쪽은 흰색이며, 배는 흑자색이다. 잎을 말아 붙이고 산다. 광식성이고, 번데기가 되어 1주일이 지나면 우화한다. 성충 앞날개 바탕은 짙은 노란색이고, 기부에서 1/3 되는 지점부터 밖으로 흑갈색 물결무늬가 뭉쳐 있거나 끊어져 있다. 앞날개 전체에 둥근 납색 무늬가 산재한다. 뒷날개는 흑갈색이다.

종령

성충

성충 표본

B-2-19 노랑연줄애기잎말이나방 *Olethreutes electana*

먹이식물 매화말발도리(*Deutzia coreana*)

유충시기 5월
유충길이 13mm
우화시기 5월
날개길이 15~20mm
채집장소 남양주 천마산

머리와 앞가슴등판은 검은색이다. 가슴과 배는 엷은 회색이고 여기에 적갈색 점무늬가 있다. 잎 주맥을 중심으로 접어 풍선처럼 붙이거나 잎 여러 장을 붙이고 그 속에서 바깥쪽 면을 남기고 먹는다. 똥도 붙인 잎 속에 그냥 쌓아 둔다. 잎을 붙이고 번데기가 되어 10일 정도면 우화한다. 성충 앞날개 기부에서 1/3 되는 지점에 굵고 엷은 노란색 띠무늬가 있다.

종령

잎을 붙인 모양

성충

성충 표본

B-2-20 왕귤빛애기잎말이나방 *Pseudohedya retracta*

먹이식물 서어나무(*Carpinus laxiflora*)

유충시기 **5월**
유충길이 **20mm**
우화시기 **5월**
날개길이 **17mm**
채집장소 **밀양 재약산**

머리와 앞가슴등판은 검은색이고 가슴과 배는 녹색이다. 잎을 바으로 접어 풍선처럼 만들고 접은 잎의 앞부분을 먹는다. 잎을 붙이고 번데기가 되어 13일이 지나면 우화한다. 성충 앞날개에는 흑갈색과 노란색 물결무늬가 섞여 있다. 외연과 외횡선 가까이에 납색 줄무늬가 있다.

종령

성충

성충 표본

B-2-21 갈색물결애기잎말이나방 *Rhopalovalva exartemana*

먹이식물 고로쇠나무(*Acer mono*)

유충시기 **9월**
유충길이 **8mm**
우화시기 **10월**
날개길이 **9.5mm**
채집장소 **가평 명지산**

머리는 살구색이고 가슴과 배는 녹색이다. 고로쇠나무 잎 중에서 갈라진 잎을 접어 붙여 사각으로 큰 방을 만들고 그 속에서 바깥쪽 면을 남기고 먹는다. 갈라진 잎의 가장자리를 조금 접어 붙이고 번데기가 되어 13일이 지나면 우화한다. 성충 앞날개는 황갈색이다. 내횡선 안쪽에는 흑갈색 줄무늬가 있고 그 바깥쪽에도 전연을 제외하고 물결무늬가 있다.

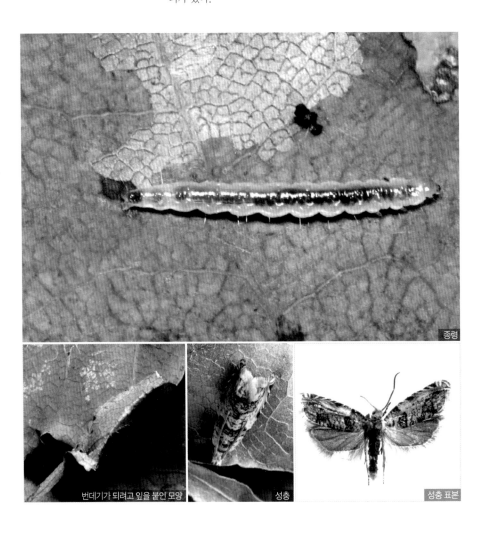

종령

번데기가 되려고 잎을 붙인 모양

성충

성충 표본

B-2-22 꽃날개애기잎말이나방 *Rhopobota macrosepalana*

먹이식물 산철쭉(*Rhododendron yedoense* var. *poukhanense*)

유충시기 5월
유충길이 12mm
우화시기 5~6월
날개길이 12mm
채집장소 하남 검단산

노숙한 개체의 머리는 작은 편이고 황갈색이며 가슴과 배는 노란색이다. 어린 잎을 여러 장 붙이고 먹지만 잎에 난 털은 먹지 않는다. 다 먹은 잎을 보면 잎 아랫면에 난 털만 지저분하게 남는다. 성충 앞날개의 내횡선 안쪽에는 회색 바탕에 꺾쇠처럼 생긴 갈색 무늬가 있다. *Rhopobotada kaempferiana*와 아주 비슷해 생식기 검경이 필요하다. 요즘은 산철쭉을 조경용으로 많이 심어 덩달아 이 종도 많이 발생한다.
* 1권에서 미동정 종 Z-6로 수록했던 종이다.

종령

유충이 먹은 잎 모양　성충　성충 표본

91

B-2-23 포플라애기잎말이나방 *Saliciphaga caesia*

먹이식물 버드나무(*Salix koreensis*)

유충시기 **8월**
유충길이 **18~20mm**
우화시기 **8월**
날개길이 **19~21mm**
채집장소 **가평 화악산**
　　　　　가평 축령산

머리는 노란색이고 양옆에 작고 검은 점무늬가 있다. 가슴과 배는 연두색이다. 잎을 여러 장 길게 붙이고 살며, 그 속에서 번데기가 되어 10일 정도면 우화한다. 성충 앞날개는 회갈색이고 기부에서 1/3 되는 지점 후연 부근과 2/3 되는 지점 후연 부근에 갈색 무늬가 있고 그 위쪽에 초승달 모양 미색 무늬가 있다.

종령

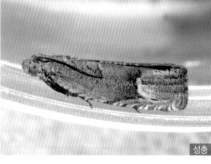
성충

성충 표본

B-2-24 사과속애기잎말이 *Spilonota albicana*

먹이식물 개암나무(*Corylus heterophylla* var. *thunbergii*), 팥배나무(*Sorbus alnifolia*)

유충시기 4~5월
유충길이 13~15mm
우화시기 5월
날개길이 14~16mm
채집장소 남양주 예봉산
　　　　 하남 검단산
　　　　 밀양 재약산

머리는 적갈색이며, 앞가슴등판은 다갈색이고 뒤쪽에 검은 줄무늬가 있다. 털받침은 검다. 어린 잎을 여러 장 꼬깃꼬깃 붙이고 산다. 잎을 둥글게 접어 붙이고 번데기가 되었다가 15~20일이 지나면 우화한다. 성충 앞날개에는 회색과 연갈색 물결무늬가 섞여 있다. 후연의 외연 가까이에 삼각인 갈색 무늬가 있다. 비슷한 종이 많아 생식기 검경이 필요하다.

종령

성충

성충 표본

B-2-25 사과순나방 *Spilonota lechriaspis*

먹이식물 쪽동백나무(*Styrax obassia*) 추정

유충시기 5월
유충길이 8mm
우화시기 6월
날개길이 13mm
채집장소 문경 사불산

머리와 앞가슴등판은 검은색, 가슴과 배는 미색이다. 채집한 지 얼마 되지 않아 고치를 만들고 번데기가 되는 바람에 먹이가 무엇인지는 정확히 모른다. 일본에서는 장미과 식물로 알려져 있다. 번데기가 되고 2주가 지나면 우화한다. 우화 당시 성충 앞날개는 회갈색 바탕에 군데군데 녹색 부분이 있었지만, 암모니아로 죽인 뒤에는 색이 변해 연한 회갈색만 보인다. 기부에서 2/3 되는 지점 후연에 삼각 비슷한 갈색 무늬가 있고 그 옆에 회색 무늬가 솟아 있다.

노숙 유충

성충

성충 표본

C-1 둥근날개주머니나방 *Proutia maculatella*

먹이식물 확인 못함(Unconfirmed)

유충시기 **4월**
유충길이 **8~10mm (집 길이)**
우화시기 **6~7월**
날개길이 **13mm**
채집장소 **서울 길동생태공원**
하남 검단산

머리와 가슴은 검은색이고 여기에 흰 줄무늬가 있다. 4월에 유충으로 있다가 얼마 후에 번데기가 된 것으로 보아 유충으로 겨울을 난 것 같다. 먹이가 무엇인지는 모른다. 나뭇가지 부스러기 같은 것으로 집을 만들고 울타리나 말뚝에 붙여 그 속에서 번데기가 되어 15일이 지나면 우화한다. 성충 수컷 앞날개는 회갈색이고 뒷날개는 연회색이다. 암컷은 마디마다 연한 갈색에 짙은 갈색 줄무늬가 있다.

우화하면서 벗은 허물

종령

암컷

성충

성충 표본

95

C-2 깜장애기주머니나방 *Psyche yeoungwolensis*

먹이식물 병꽃나무(*Weigela subsessilis*), 신갈나무(*Quercus mongolica*) 등 여러 식물

유충시기 6월
유충길이 10mm (집 길이)
우화시기 6~7월
날개길이 13mm
채집장소 밀양 재약산
　　　　가평 명지산
　　　　가평 칼봉산

가슴에 검은 줄과 흰 줄이 있다. 여러 식물에서 발견되어 광식성으로 보인다. 집을 붙이고 10일 정도 지나 우화했다. 유충 집은 둥근날개주머니나방과 유사하나 우화시기와 집이 붙어 있는 장소가 다르다. 성충 암컷은 날개가 없고 머리는 검은색, 몸은 유백색이며 갈색 가로 무늬가 있다. 암컷의 몸길이는 6㎜이다. 수컷의 날개는 흑갈색이고 광택이 있다.

집과 암컷

종령

유충 집 내부

성충

성충 표본

D-1 국명 없음 *Phyllonorycter ulmifoliella*

먹이식물 물오리나무(*Alnus hirsuta*)

유충시기 **8월**
유충길이 **측정 못함**
우화시기 **8월**
날개길이 **7mm**
채집장소 **양평 비솔고개**

물오리나무 잎 아랫면 잎맥 사이가 약간 쭈글쭈글하면서 부풀어 있는 것을 가져왔다. 표피층 사이 잎살을 먹고 그곳에서 번데기가 되어 우화한 것으로 보인다. 채집한 지 2일 뒤 우화했다. 성충 앞날개 바탕은 황갈색이고 여기에 광택이 나는 흰 무늬가 있다. 날개 중앙에 전연에서 후연까지 희고 굵은 띠가 있다. 그 안쪽에 기부 중앙에서 날개의 1/3 지점까지 세로로 가늘고 흰 줄무늬가 있고 후연에 삼각 무늬가 있다. 그 바깥쪽으로는 흰 무늬가 전연에 3개, 후연에 2개 있고 날개 끝 가까이에 검은 점이 있다.

부푼 잎

성충

성충 표본

D-2-1 산철쭉가는나방 *Caloptilia azaleella*

먹이식물 산철쭉(*Rhododendron yedoense* var. *poukhanense*)

유충시기 8~9월
유충길이 5~7mm
우화시기 8월, 10월
날개길이 7~11mm
채집장소 가평 명지산
　　　　 가평 축령산

잎을 삼각뿔 모양으로 접고 그 속에서 한쪽 면을 먹는다. 다 자라면 접고 먹던 잎에서 나와 잎맥 사이에 왁스처럼 반짝이는 고치를 만들고 번데기가 된다. 1주일 정도면 우화한다. 성충 얼굴은 광택이 나는 흰색이다. 앞날개 기부에서 1/4 되는 지점까지와 날개 끝은 자갈색이지만 기부 쪽에 있는 자갈색 부분은 후연까지 닿지 않는다. 나머지는 넓게 황금색을 띤다. 전연에는 작은 자갈색 점무늬가 몇 개 있다.

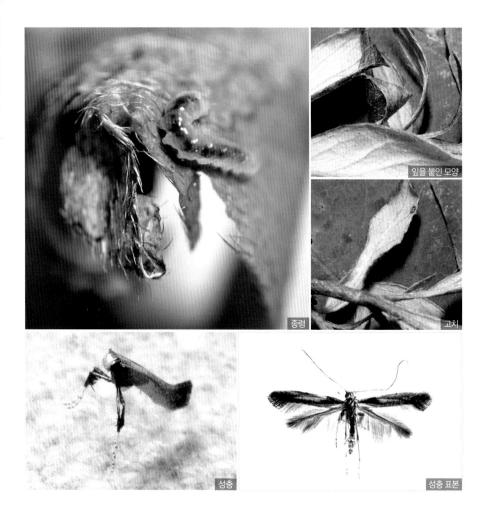

종령

잎을 붙인 모양

고치

성충

성충 표본

D-2-2 산진달래가는나방 *Caloptilia leucothoes*

먹이식물 진달래(*Rhododendron mucronulatum*)

유충시기 9월
유충길이 7mm
우화시기 10월
날개길이 10mm
채집장소 하남 검단산

잎 끝을 삼각뿔 모양으로 접고 그 속에서 한쪽 면을 먹는다. 다 자라면 먹던 방에서 나와 왁스 같은 고치를 만들고 번데기가 된다. 성충 얼굴은 광택이 나는 흰색이다. 앞날개는 갈색이고 보랏빛 광택이 약간 있으며, 전연에 아주 작고 검은 점이 있다.

고치

종령

잎을 붙인 모양

성충

성충 표본

D-2-3 목련가는나방 *Caloptilia magnoliae*

먹이식물 목련(*Magnolia kobus*)

유충시기	9월
유충길이	7mm
우화시기	9월
날개길이	15~16mm
채집장소	가평 명지산

목련 잎을 길게 둘둘 말고 그 속에 여러 마리가 살며 잎의 한쪽 면을 먹는다. 둘둘 만 잎 속에 방추형 흰 고치를 만들고 번데기가 되어 1주일이 지나면 우화한다. 성충 앞날개는 거의 갈색이고, 기부에서 1/4 되는 지점의 전연에서 바깥쪽으로 사선이 있다. 그 사선 바깥쪽의 전연에는 짧고 흰 줄무늬가 있다.

종령과 고치

잎을 만 모양

성충

성충 표본

D-2-4 졸참나무가는나방 *Caloptilia sapporella*

먹이식물 신갈나무(*Quercus mongolica*)

유충시기 **7월**
유충길이 **8mm**
우화시기 **8월**
날개길이 **10mm**
채집장소 **가평 석룡산**

잎 가장자리를 조금 접어 원뿔 모양으로 만들고 그 속에서 한쪽 면을 남기고 먹는다. 다 자라면 원뿔 모양으로 만든 잎에서 나와 잎 아랫면에 왁스 같은 타원형 고치를 만들고 번데기가 되어 8일 만에 우화한다. 성충 앞날개의 기부에서 1/5 되는 지점과 날개 끝 쪽은 연갈색이고, 가운데와 후연에는 넓게 금색 광택이 있고 전연에는 작고 검은 점무늬가 있다.

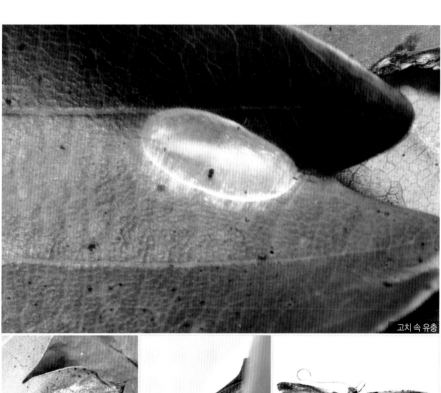
고치 속 유충

잎을 붙인 모양

성충

성충 표본

D-2-5 박달가는나방 *Parornix betulae*

먹이식물 물박달나무(*Betula davurica*)

유충시기 **7월**
유충길이 **8mm**
우화시기 **7월**
날개길이 **8.5mm**
채집장소 **가평 칼봉산**

잎 끝을 약간 접어 한쪽 면을 먹는다. 다 자라면 먹던 잎에서 나와 잎 끝에 고치를 만들고 번데기가 되어 10일이 지나면 우화한다. 성충 앞 날개는 갈색이며 전연에 흰색과 갈색 줄무늬가 번갈아 있다. 후연 가 까이에도 짧은 갈색 무늬가 있다. 날개 끝 가까이에도 검은 점무늬가 있다. 비슷한 종이 많아 생식기 검경이 필요하다.

고치 만들기

잎을 붙인 모양

성충

성충 표본

E-1-1 큰좀나방　*Ypsolopha longus*

먹이식물 참빗살나무(*Euonymus sieboldiana*)

유충시기 **5월**
유충길이 **20mm**
우화시기 **5월**
날개길이 **30~31mm**
채집장소 **포천 광릉수목원**

몸은 녹색이다. 어려서는 여러 마리가 모여 있지만 종령이 되면 흩어진다. 화살나무집나방의 큰 집 주위에 같이 있는 경우도 있다. 잎 사이에 사다리꼴 고치를 만들고 번데기가 되어 12일이 지나면 우화한다. 성충은 날개가 좁고 길며 여기에 갈색 세로 줄무늬가 있고 가운데에는 흰 줄무늬가 있다.

종령

고치　성충　성충 표본

E-1-2 흰줄좀나방 *Ypsolopha strigosus*

먹이식물 확인 못함(Unconfirmed)

유충시기 5월
유충길이 18~20mm
우화시기 6월
날개길이 20mm
채집장소 인제 방태산

몸은 방추형에 연갈색이며, 배 윗면 가운데 줄을 따라 꺾쇠처럼 생긴 짙은 갈색 무늬가 있다. 방해를 받으면 무척 파드득거린다. 잎을 붙이고 먹으며, 사다리꼴 갈색 고치를 만들고 번데기가 된다. 성충 앞날개는 갈색이고, 중간에 굵고 흰 줄무늬가 있으며 그 옆에 검은 무늬가 있다. 더듬이를 앞으로 쭉 뻗고 머리를 바닥에 붙인 뒤 뒤를 들고 앉는다. 채집 당시 길가 먼지를 잔뜩 뒤집어 쓴 잎이 많았고 어린 식물의 잎은 거의 다 뜯긴 상태여서 먹이식물이 무엇인지 정확히 알아볼 수 없었다.

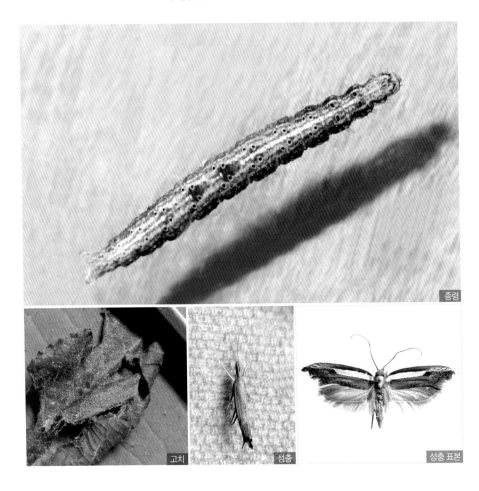

종령

고치

성충

성충 표본

E-1-3 작은갈고리좀나방 *Ypsolopha yasudai*

먹이식물 병꽃나무(*Weigela subsessilis*)

유충시기 4~5월
유충길이 12mm
우화시기 5월
날개길이 18mm
채집장소 가평 용추계곡
　　　　하남 검단산

머리와 배 끝이 몸 전체에 비해 가는 방추형이다. 방해를 받으면 아주 파드득거린다. 어린 잎을 여러 장 붙이거나 말아 붙이고 먹기도 하지만, 특히 꽃봉오리 속에 들어가 수술과 암술을 먹으며 식물을 지저분하게 만든다. 가지 사이에 모서리가 둥근 사다리꼴 갈색 고치를 만들고 번데기가 된다. 보름이 지나면 우화한다. 성충은 머리를 바닥에 박고 날개 뒤를 처들고 앉는다. 앞날개는 노란색이며 후연은 조금 흰빛을 띤다. 날개 끝은 약간 갈고리 모양이다.

종령

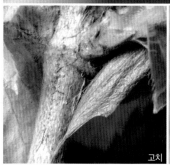
고치

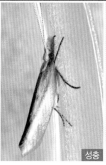
성충

성충 표본

E-2-1 벚나무집나방 *Yponomeuta evonymellus*

먹이식물 귀룽나무(*Prunus padus*)

유충시기 5~6월
유충길이 15mm
우화시기 6월
날개길이 20~23mm
채집장소 인제 방태산
평창 오대산

머리와 앞가슴등판은 검은색이고, 배 윗면에는 각 마디 양쪽에 둥근 점 2개를 붙인 것 같은 검은 점무늬가 있다. 실로 잎 여러 장을 텐트처럼 붙이고 그 속에 수십 마리가 같이 산다. 길고 흰 고치를 만든 뒤 5~8일이 지나면 우화한다. 성충 앞날개는 흰색이며 여기에 검은 점무늬가 50개 정도 있다.

잎을 붙인 모양

종령

고치

성충

성충 표본

E-2-2 국명 없음 *Yponomeuta meguronis*

먹이식물 사철나무(*Euonymus japonica*)

유충시기 5월
유충길이 20mm
우화시기 6월
날개길이 18~20mm
채집장소 울릉도(죽도)

머리 양쪽에 크고 엷은 갈색 눈알무늬가 있으며, 앞가슴 양쪽에도 검은 무늬가 있다. 배에는 작고 검은 털받침이 있다. 잎을 여러 장 엮어 텐트처럼 만들고 산다. 넓게 방을 만들고 그 속에 길고 흰 원추형 고치를 만들고 번데기가 된다. 성충 앞뒤날개는 회갈색이고 앞날개에 검은 점무늬가 있다.

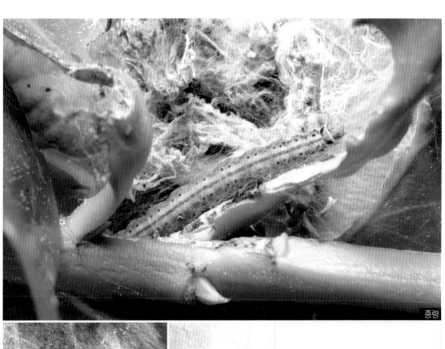

종령

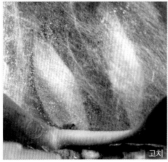

고치

성충

성충 표본

E-2-3 국명 없음 *Yponomeuta spodocrossus*

먹이식물 참빗살나무(*Euonymus sieboldiana*)

유충시기 **5월**
유충길이 **20mm**
우화시기 **6월**
날개길이 **22~24mm**
채집장소 속초 외설악

몸통 각 마디마다 검고 둥근 무늬가 있고 그 옆에 작고 검은 무늬가 있다. 한 나무에 여러 마리가 있지만, 한 마리씩 실을 거미줄처럼 쳐서 잎을 여러 장 붙여 풍선처럼 방을 만들어 산다. 실로 막을 치고 그 속에 긴 방추형인 흰 고치를 만든 뒤 번데기가 되어 12일 정도면 우화한다. 성충 앞날개는 흰색이고 여기에 검은 점무늬가 5줄 있으며, 뒷날개는 흑갈색이다. 뒷날개 내연의 연모는 외연의 연모보다 색이 짙다.

종령

종령

고치

성충

성충 표본

F-1-1 마좀나방 *Acrolepiopsis nagaimo*

먹이식물 마(*Dioscorea batatas*)

유충시기 8월
유충길이 6mm
우화시기 8월
날개길이 8~9mm
채집장소 양평 비솔고개

몸은 엷은 적갈색이고 털받침이 약간 솟아 있다. 어린 잎은 구멍을 내면서 먹으나 두꺼운 잎은 한쪽 표피층을 남기고 먹는다. 종령이 되면 그물 모양으로 갈색 고치를 만들고 번데기가 되어 6일이 지나면 우화한다. 성충 앞날개는 갈색이고 전연에 짧고 흰 줄무늬가 4개, 후연에 흰 쐐기무늬가 있다. 외연 안쪽으로 작고 흰 점무늬가 줄지어 있다. 1년에 여러 번 발생한다. 비슷한 종이 많아 생식기 검경이 필요하다.

종령

고치 성충 성충 표본

F-1-2 파좀나방 *Acrolepiopsis sapporensis*

먹이식물 파(*Allium fistulosum*)

유충시기 6월
유충길이 10mm (집 길이)
우화시기 6~7월
날개길이 13mm
채집장소 밀양 재약산
　　　　가평 명지산
　　　　가평 칼봉산

대파에 붙어 있는 번데기를 가져왔다. 그물망 같은 고치를 방추형으로 만들고 1주일이 지나면 우화한다. 성충 앞날개는 갈색이고 앞날개 후연 중간에 작은 삼각인 흰 무늬가 있다.

번데기(고치)

성충

성충 표본

F-2 메꽃굴나방 *Bedellia somnulentella*

먹이식물 갯메꽃(*Calystegia soldanella*), 나팔꽃(*Pharbitis nil*)

유충시기 9월
유충길이 8mm
우화시기 9~10월
날개길이 9~10mm
채집장소 가평 꽃무지풀무지
　　　　 서천 춘장대

여러 마리가 모여 살며, 잎 표피층 사이에 있는 잎살을 먹고 검은 실 같은 똥을 잎 밖으로 내민다. 다 자라면 잎 속에서 나와 실을 여러 갈래로 치고 공중에 뜬 듯이 매달려 번데기가 된다. 번데기 머리에는 상투 모양 뿔 같은 것이 있으며, 이것은 이 과의 특징이다. 1주일 정도면 우화한다. 성충 앞날개는 회갈색이고 후연에 작고 검은 점무늬가 몇 개 있다.

허물 벗을 준비를 하는 유충

종령

번데기

성충

성충 표본

G-1 국명 없음 *Synanthedon fukuzumii*

먹이식물 버드나무(*Salix koreensis*)

유충시기 **8월**
유충길이 **10mm**
우화시기 **8월**
날개길이 **20mm**
채집장소 **남양주 축령산**

버드나무에 구멍이 나 있고 톱밥 같은 것이 많이 붙어 있었으며 나뭇가지가 거의 꺾일 것 같아 잘라 보니 속에 흰 유충이 2~3마리 있었다. 그 후 20일이 지나 성충이 한 마리 나왔다. 성충은 벌을 닮았고 조금도 가만있지 않고 파드득거리며 날았다. 성충 몸은 검은색이고 배 4째마디는 다홍색이다.

종령

성충

성충 표본

G-2 테두리뭉툭날개나방 *Prochoreutis hadrogastra*

먹이식물 벌깨덩굴(*Meehania urticifolia*), 쑥(*Artemisia princeps*), 오리방풀(*Isodon excisus*)

유충시기 7월
유충길이 10~12mm
우화시기 7~8월
날개길이 11~12mm
채집장소 가평 명지산

약간 방추형으로 생겼고 녹색이다. 잎 주맥을 중심으로 실을 쳐서 반으로 살짝 접고 실 밑에 똥을 붙이고 산다. 그 속에서 바깥쪽 면을 남기고 잎을 먹는다. 잎을 붙여 만든 얇은 막 속에 다시 방추형인 흰 고치를 만들고 번데기가 되어 9일이 지나면 우화한다. 성충 앞뒤날개는 끝이 듬성듬성 잘린 듯하고 황토색과 파란색이 섞여 있고 금속성 광택이 있다. 비슷한 종이 많아 생식기 검경이 필요하다.

종령

고치

성충

성충 표본

H-1-1 검은무늬원뿔나방 *Agonopterix costamaculella*

먹이식물 황벽나무(*Phellodendron amurense*)

유충시기 **9월**
유충길이 **18mm**
우화시기 **이듬해 4월**
날개길이 **19~21mm**
채집장소 **가평 명지산**

머리는 연두색, 가슴과 배는 녹색이다. 잎 2장을 엇갈리게 붙여 방처럼 만들고 숨어서 들락거리며 잎을 먹는다. 잎을 붙이고 번데기가 되어 월동한다. 성충 앞날개는 엷은 황갈색이고 전연에 검은 삼각무늬가 있으며 그 안쪽에 작고 검은 점무늬가 몇 개 있다. 기부에 있는 삼각무늬도 검은색이다.

종령

성충

성충 표본

H-1-2 국명 없음 *Agonopterix issikii*

먹이식물 상산(*Orixa japonica*)

유충시기 **5월**
유충길이 **13mm**
우화시기 **6월**
날개길이 **17~18mm**
채집장소 **제주도 사려니숲**

가슴에 검은 점무늬가 있다. 잎을 여러 겹 돌돌 만 뒤 들락거릴 수 있을 정도로 틈을 두고 붙인 다음, 잎 양끝을 먹고는 다시 집을 옮긴다. 유충이 먹은 잎은 주맥 근처에만 지저분하게 잎이 남아 있다. 사려니숲에서는 먹이식물인 상산 잎이 공격을 많이 받았다. 성충 수컷 더듬이는 두꺼워 아랫입술수염 2째마디 굵기와 비슷하다. 앞날개 중간쯤에 삼각인 검은 무늬가 있으며 이것이 전연까지 닿아 있다.

종령

성충

성충 표본 수컷

H-1-3 물푸레원뿔나방 *Agonopterix pallidor*

먹이식물 다릅나무(*Maackia amurensis*)

유충시기 5월
유충길이 22mm
우화시기 6월
날개길이 25~27mm
채집장소 남양주 운길산

머리는 흙갈색이고, 가슴과 배는 백록색이며 검은 점들이 있다. 어린 잎 여러 장을 돌돌 말아 단단히 붙이거나 길게 붙인다. 성충 앞날개는 엷은 황갈색이고 여기에 검은 점무늬가 산재한다.

* 다릅나무를 개물푸레나무라고도 한다. 하지만 다릅나무는 콩과에 속하고, 물푸레나무는 물푸레나무과에 속하므로 물푸레원뿔나방이라고 부르는 것은 적절치 않다.

종령

성충

성충 표본

H-1-4 큰원뿔나방 *Depressaria irregularis*

먹이식물 신갈나무(*Quercus mongolica*), 졸참나무(*Quercus serrata*)

유충시기 4~5월
유충길이 16~17mm
우화시기 5~6월
날개길이 24~27mm
채집장소 인제 외설악
　　　　 밀양 재약산

머리에는 무늬가 있고 가슴과 배 윗면은 흑갈색, 가슴과 배 아랫면과 항문위판은 미색이다. 들락거릴 수 있을 정도로 잎을 접거나 여러 장을 붙이고서 잎을 먹는다. 똥은 밖으로 내다 버린다. 잎을 붙이고 번데기가 된다. 성충 앞날개는 외연이 둥글고 갈색이며 여기에 짧은 흑갈색 줄무늬가 있다.

종령

종령 옆면　성충　성충 표본

H-1-5 흰띠큰원뿔나방 *Depressaria taciturna*

먹이식물 신갈나무(*Quercus mongolica*)

유충시기 5월
유충길이 17mm
우화시기 5월
날개길이 22mm
채집장소 가평 축령산

머리는 몸 전체에 비해 작고 검은색이며 가슴과 배는 녹색이다. 방해를 받으면 머리와 가슴을 올렸다 내렸다 하고 흔들기도 한다. 잎을 조금 접고 그 속에 흰 막을 치며, 접은 잎 양쪽으로 들락거리며 잎을 먹는다. 잎 사이에서 번데기가 되어 20일이 지나면 우화한다. 성충 어깨판은 흰색에 가깝고 앞날개 기부에서 전연 1/2 되는 지점은 연갈색이다.

종령

성충

성충 표본

I-1 국명 없음 *Stathmopoda callicarpicola*

먹이식물 작살나무(*Callicarpa japonica*)

유충시기 **4~5월**
유충길이 **7mm**
우화시기 **7~8월**
날개길이 **12mm**
채집장소 **남양주 천마산**
      하남 검단산

가지 끝에 난 어린 잎 여러 장을 아주 단단히 붙이고 잎맥만 남기고 먹으며, 똥을 그 위에 붙여 지저분해 보인다. 흔적은 보이지만 잎 여러 장 속에 숨어 있어 찾기 어렵다. 흙 속으로 들어가 고치를 만들고 번데기가 된 다음 한여름에 우화한다. 성충은 앞다리와 가운데 다리를 세워 몸을 편평하게 하고 뒷다리는 양 옆으로 들어 올리는 독특한 정지 자세를 취한다. 뒷다리에는 털이 많다.

종령

잎을 붙인 모양

성충. 뒷다리를 양 옆으로 들어 올리고 있다.

성충 표본

I-2 국명 없음 *Diurnea cupreifera*

먹이식물 물푸레나무(*Fraxinus rhynchophylla*), 버드나무(*Salix koreensis*), 산사나무(*Crataegus pinnatifida*) 따위 여러 나무

유충시기 7~9월
유충길이 12mm
우화시기 7~8월
날개길이 16mm
채집장소 가평 축령산

머리는 갈색이나 머리 앞쪽은 색이 엷다. 앞가슴등판 양쪽에 검은 점 무늬가 있다. 가슴과 배는 백록색이다. 뒷가슴다리의 발목마디는 크고 둥글어서 마치 자전거 페달 같다. 방해를 받으면 가슴다리로 자신의 집 바닥을 싹싹 긁는다. 들락거릴 수 있을 정도의 구멍만 남기고 잎 2장을 단단히 붙여 집을 만들고, 밤에 들락거리며 잎을 먹는다. 다 자라면 집 구멍을 붙이고 번데기가 된다. 성충 암컷의 앞날개는 방추형이고, 회갈색 바탕에 꺾쇠처럼 생긴 검은 무늬가 있다. 뒷날개는 아주 짧아 작은 삼각 같다.

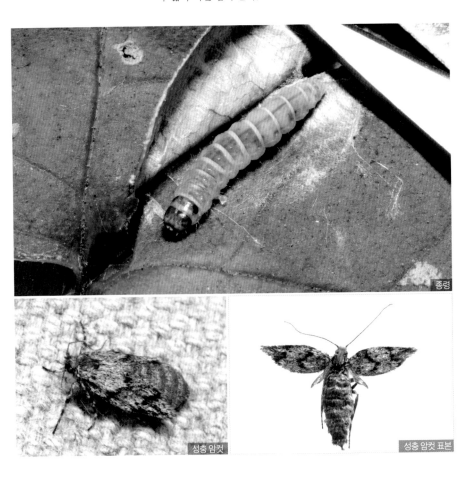

종령

성충 암컷

성충 암컷 표본

I-3-1 **국명 없음** *Coleophora eteropennella*

먹이식물 노린재나무(*Symplocos chinensis* var. *leucocarpa* for. *pilosa*)

유충시기 **6월**
유충길이 **6mm (집 길이)**
우화시기 **6월**
날개길이 **12.5mm**
채집장소 **가평 용추계곡**

집은 매끈한 원통 모양에 적갈색이다. 집 밑에는 뾰족한 발 같은 것이 3개 붙어 있고 그중 하나는 짧다. 성충 더듬이의 기부를 제외한 나머지 부분에는 회백색과 갈색이 번갈아 있다. 날개는 짙은 흑갈색이다.

유충 집

성충

성충 표본

I-3-2 국명 없음 *Coleophora milvipennis*

먹이식물 물박달나무(*Betula davurica*)

돌나방과 Coleophoridae

유충시기 5~6월
유충길이 8mm (집 길이)
우화시기 6월
날개길이 9~11mm
채집장소 인제 방태산
　　　　 남양주 명지산

집은 직사각에 가깝고 적갈색이다. 잎 조각으로 만들어서 잎맥이 보이기도 한다. 가지나 잎에 집을 붙인 뒤 번데기가 되어 20일이 지나면 우화한다. 성충 더듬이의 기부를 제외한 나머지 부분에는 갈색과 흰색이 번갈아 있다. 앞날개는 황갈색이고 전연은 기부에서 2/3 정도까지 흰색을 띤다.

유충집

성충

성충 표본

I-4-1 국명 없음 *Rhizosthenes falciformis*

먹이식물 누리장나무(*Clerodendron trichotomum*), 생강나무(*Lindera obtusiloba*),
청가시덩굴(*Smilax sieboldii*) 따위 여러 식물

유충시기 5월
유충길이 15mm
우화시기 6월
날개길이 25mm
채집장소 하남 검단산

중령 머리와 앞가슴등판은 모두 검은색이지만 종령이 되면 머리는 적갈색이 되고 배에 검은 점무늬가 생긴다. 잎 앞뒤가 트이게 접어 붙이고 들락거리며 잎을 먹는다. 이른 봄, 잎이 약간 두꺼운 식물에서 많이 보인다. 잎을 붙이고 번데기가 되어 10~12일이 지나면 우화한다. 성충 앞날개는 베이지색이다. 전연은 검은색이고 여기에 작고 검은 점무늬가 산재하며 중실 끝에 있는 점무늬도 검다. 후연 부위는 거무스름하다. 앞날개 전체가 검은색을 띠는 것도 있다.

종령

중령

성충

성충 표본(베이지색)

성충 표본(검은색)

I-4-2 국명 없음 *Scythropiodes lividula*

먹이식물 누리장나무(*Clerodendron trichotomum*), **단풍나무**(*Acer palmatum*), **싸리**(*Lespedeza bicolor*),
신갈나무(*Quercus mongolica*)

유충시기 4~5월
유충길이 15~20mm
우화시기 6월
날개길이 14~20mm
채집장소 광릉수목원
하남 검단산

머리는 연갈색이고 무늬가 있다. 앞가슴 앞쪽에는 넓은 갈색 띠무늬가 있다. 가운데가슴과 뒷가슴은 검은색 바탕에 흰 점무늬가 있고 가슴 사이에는 흰 줄무늬가 있다. 배는 흑자색이고, 흰 털받침이 연결되어 마치 흰 줄무늬처럼 보인다. 가지 끝에 난 잎을 여러 장 붙이거나 말거나 접어 집을 만든다. 잎을 붙이고 번데기가 되어 15일 정도면 우화한다. 성충 앞날개는 회황색이고 가운데에 검은 점무늬가 1개 있다. 비교적 개체수가 많은 편이다.

종령

번데기가 되려고 붙인 잎

성충

성충 표본

J-1-1 외줄수염뿔나방(줄수염뿔나방) *Aristotelia mesotenebrella*

먹이식물 광대싸리(*Securinega suffruticosa*)

유충시기 8월
유충길이 10mm
우화시기 9월
날개길이 15mm
채집장소 가평 용추계곡

머리는 희미한 갈색이고 앞가슴등판은 엷은 적갈색이며, 가슴과 배는 녹색이고 여기에 미색 줄무늬가 있다. 잎은 들락거릴 수 있을 정도로만 좁게 접고, 접은 잎의 앞부분을 먹거나 들락거리며 다른 잎을 먹는다. 똥은 쏘아 버린다. 잎을 붙이고 번데기가 되어 15일이 지나면 우화한다. 성충 앞날개 중간에 전연 쪽으로 긴 반타원형 같은 검은 무늬가 있다. 또한 날개 중간에 세로로 짧고 검은 줄무늬가 1렬로 있다.

유충 집

성충

성충 표본

J-1-2 애북방산무늬뿔나방 *Deltophora fuscomaculata*

먹이식물 광대싸리(*Securinega suffruticosa*)

유충시기 5월
유충길이 8mm
우화시기 5월
날개길이 14mm
채집장소 남양주 예봉산

머리는 작고, 가슴은 둥글게 부풀어 꼭 올챙이처럼 보인다. 잎 가장자리 여기저기를 먹고, 조금만 방해를 받아도 몸을 똘똘 말고 땅으로 툭 떨어져 버린다. 그러면 작은 것이라 찾기 어렵다. 잎을 완전히 붙이고 번데기가 되어 10일이 지나면 우화한다. 성충은 북방산뿔나방과 비슷하지만 앞날개 끝이 엷은 것으로 구별한다.

종령

성충

성충 표본

J-1-3 시베리아뿔나방 *Xystophora psammitella*

먹이식물 싸리(*Lespedeza bicolor*)

유충시기 9~11월
유충길이 8mm
우화시기 이듬해 3월
날개길이 15mm
채집장소 남양주 천마산

머리와 앞가슴등판은 살구색이며, 가슴과 배는 엷은 녹색이고 작은 점무늬가 있다. 잎을 2장 포개어 붙이고 그 속에서 붙인 잎의 바깥쪽 면을 남기고 먹는다. 붙인 잎 속에 실로 막을 치고 오랫동안 (12월에도) 유충으로 있다가 번데기가 되어 겨울을 난다. 싸리굴뿔나방과 생활사, 숙주 먹는 시기가 같아 유충을 잘 살펴야 구별할 수 있다. 성충 아랫입술수염은 노란 비늘로 덮여 있어 눈에 띈다.

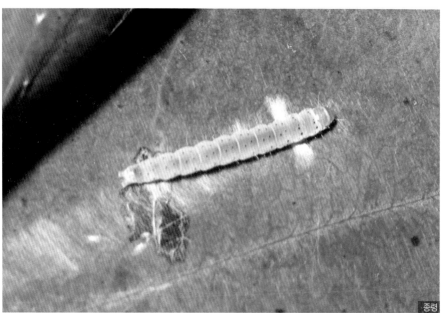

종령

성충

성충 표본

J-2-1 신나무비늘뿔나방 *Altenia inscriptella*

먹이식물 신나무(*Acer ginnala*)

유충시기 9월
유충길이 8mm
우화시기 이듬해 3월
날개길이 12~13mm
채집장소 가평 명지산

머리와 앞가슴등판은 미색, 가슴과 배는 연한 연두색이다. 주맥을 중심으로 잎을 풍선처럼 반으로 접어 붙이고 바깥쪽 면을 남기고 먹는다. 그 속에서 번데기가 되어 월동한다. 성충 앞날개는 연한 회갈색이고 전연에 줄무늬가 3개 있다. 날개 중앙 기부에서 1/3, 2/3 되는 지점에 가로로 검은 줄무늬가 있고, 그 사이에 세로로 줄무늬도 있어 마치 가운데가 끊어진 넓은 H 자처럼 보인다.

* 1권에서 미동정 종 Z-16로 수록했던 종이다.

종령

잎을 반으로 접은 모양

성충

성충 표본

J-2-2 물결무늬뿔나방 *Aroga mesostrepta*

먹이식물 신갈나무(*Quercus mongolica*)

유충시기 8~9월
유충길이 15mm
우화시기 10월
날개길이 21mm
채집장소 가평 용추계곡

머리는 갈색, 앞가슴에는 주황색 줄무늬가 있고 이어서 굵고 검은 줄무늬가 있다. 머리와 경계인 부분은 흰색이다. 가슴과 배에는 흰색과 살구색 줄무늬가 있다. 잎 2장을 포개어 붙이고 그 속에 똥을 붙인 집을 만들고 살면서 들락거린다. 어릴 때는 붙인 잎의 바깥쪽 면을 남기고 먹고 종령이 되면 잎맥만 남기고 먹는다. 잎 사이에 고치를 만들고 번데기가 되어 27일 지나면 우화한다. 성충 앞날개는 검은색 바탕이고 흰 사선이 뚜렷이 있어 잘못 동정할 염려는 없다.

종령

성충

성충 표본

J-2-3 노랑무늬애비늘뿔나방 *Carpatolechia deogyusanae*

먹이식물 신갈나무(*Quercus mongolica*)

유충시기 9월
유충길이 7~8mm
우화시기 11월
날개길이 10~11mm
채집장소 남양주 천마산
　　　　 하남 검단산

머리와 앞가슴등판은 살구색이고 가슴과 배는 연두색이며, 털받침은 갈색이다. 잎 2장을 붙이고 그 속에 똥을 붙여 통로를 만든다. 이 통로로 들락거리며 잎의 바깥쪽 면을 남기고 먹는다. 채집 당시 다른 종 유충과 섞여 잎을 붙이고 있다. 잎 2장을 붙이고 그 사이에 똥을 붙여 방을 만든 다음 번데기가 되어 11월에 우화했다. 자연 상태에서는 5~8월에 성충이 나온다. 성충 앞날개는 회백색이고 중앙에 둥근 주황색 점무늬가 뚜렷하다.

종령 / 고치 / 성충 / 성충 표본

J-2-4 싸리굴뿔나방 *Evippe albidorsella*

먹이식물 싸리(*Lespedeza bicolor*)

유충시기 **9월**
유충길이 **8mm**
우화시기 **이듬해 4월**
날개길이 **9mm**
채집장소 **남양주 천마산**

종령은 마디마다 자갈색 띠무늬가 있다. 잎 2장을 포개어 붙이고, 붙인 잎의 바깥쪽 면을 남기고 먹는다. 다 자라면 잎을 완전히 붙이고 그 속에서 번데기가 되어 겨울을 난다. 성충은 머리와 가슴이 흰색이다. 앞날개 기부에서 1/3 되는 지점에 흰 삼각무늬가 있고 2/3 되는 지점에도 흰 삼각무늬가 아래위로 2개 있다.

종령

성충

성충 표본

J-2-5 오렌지비늘뿔나방 *Pseudotelphusa acrobrunella*

먹이식물 신갈나무(*Quercus mongolica*)

유충시기 **9월**
유충길이 **10mm**
우화시기 **12월**
날개길이 **12mm**
채집장소 **하남 검단산**

머리와 앞가슴등판은 살구색이고, 가슴과 배는 백록색이며 검은 점 무늬가 있다. 다 자라면(노숙하면) 몸이 붉게 변한다. 잎을 붙이고 그 속에 똥을 붙인 질긴 통로 같은 방을 만들고 살며, 잎의 바깥 표피층을 남기고 먹는다. 다른 여러 종과 섞여 살기도 한다. 잎 사이에서 번데기가 되고 3개월 뒤에 우화한다. 성충 앞날개는 황토색이고 여기에 검은 점무늬가 여럿 줄지어 있고 전연에도 검은 사각띠무늬가 여럿 있다.

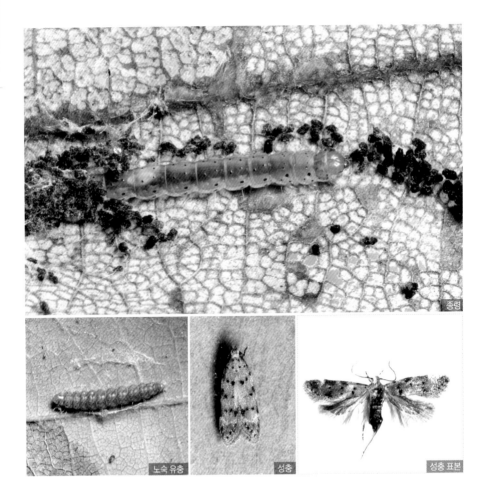

종령

노숙 유충　　성충　　성충 표본

J-2-6 검은줄비늘뿔나방　*Teleiodes linearivalvata*

먹이식물 신갈나무(*Quercus mongolica*)

유충시기 7월
유충길이 8mm
우화시기 8월
날개길이 11mm
채집장소 양평 비솔고개

채집 당시 노숙 유충이라 색이 붉게 변해 있었다. 잎 2장을 포개어 붙이고 그 속에서 잎의 한쪽 면을 남기고 먹었다. 잎을 붙여 번데기가 되어 10일이 지나면 우화한다. 성충 앞날개에는 짙은 회색과 연회색인 사선이 3개 번갈아 있다. 기부 쪽에 있는 사선이 더 짙고, 짙은 회색 줄무늬는 중간이 끊겨 있다.

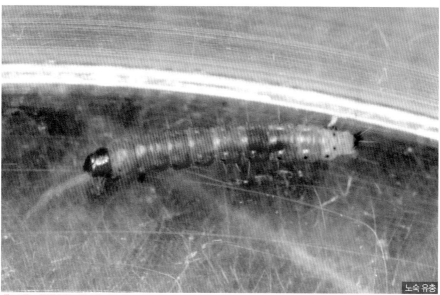
노숙 유충

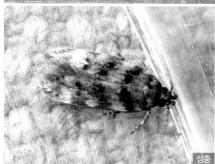
성충

성충 표본

J-2-7 넓적판비늘뿔나방 *Teleiodes paraluculella*

먹이식물 단풍나무(*Acer palmatum*)

유충시기 8월
유충길이 7mm
우화시기 9월
날개길이 11mm
채집장소 가평 축령산

머리와 앞가슴등판은 살구색이고 앞가슴등판 양쪽에는 작고 검은 점무늬가 있다. 가슴과 배는 녹색이다. 잎을 접거나 2장을 붙이고 그 속에서 똥을 붙인 방을 만든 다음 숨어 지낸다. 그 방을 들락거리며 잎 한쪽 면을 남기고 먹는다. 똥을 붙인 고치 속에서 번데기가 되어 10일이 지나면 우화한다. 성충 앞날개의 중실 가운데에는 노란 무늬가 뚜렷하고, 흑갈색 비늘 다발이 여기저기 있다.

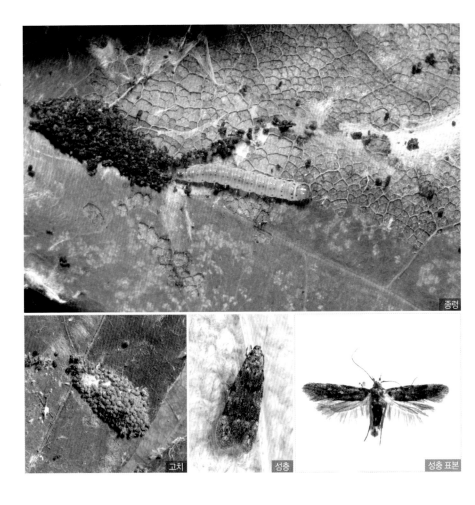

종령

고치   성충   성충 표본

J-2-8 검은띠비늘뿔나방 *Telphusa nephomicta*

먹이식물 붉나무(*Rhus chinensis*)

유충시기 5월
유충길이 12mm
우화시기 5~6월
날개길이 14~16mm
채집장소 영월 동강
          밀양 재약산

붉나무의 작은 잎 가장자리를 들락거릴 수 있는 틈이 생기도록 조금 접은 다음, 그 속에 숨어서 잎 자락을 먹고 다 먹으면 다른 곳으로 옮겨 간다. 다 자라면 접은 잎을 완전히 붙이고 번데기가 되어 12~20일이 지나면 우화한다. 성충은 큰검은띠털뿔나방과 생김새가 아주 비슷해 생식기 검경이 필요하다.

종령

성충

성충 표본

J-3-1 벚나무뿔나방 *Anacampsis anisogramma*

먹이식물 개벚나무(*Prunus leveilleana*)

유충시기 **7월**
유충길이 **10mm**
우화시기 **8월**
날개길이 **15~19mm**
채집장소 **남양주 천마산**

머리는 주황색이고 앞가슴등판에는 크고 검은 점무늬가 있다. 가슴과 배에 있는 검은 점무늬도 크다. 잎을 붙이고 먹다가 그 속에서 번데기가 되어 1주일이 지나면 우화한다. 벚나무뿔나방붙이(흰띠뿔나방) 유충과 비슷하지만 벚나무뿔나방붙이 유충은 앞가슴 가운데에 큰 점무늬 2개가 붙어 있다. 또한 성충은 앞날개 전연에서 3/4 되는 지점에 흰 삼각무늬가 있어, 후연까지 흰색이 이어지는 벚나무뿔나방붙이 성충과 구별된다.

종령

잎을 만 모양

성충

성충 표본

J-3-2 철쭉뿔나방 *Anacampsis lignaria*

먹이식물 철쭉(*Rhododendron schlippenbachii*)

유충시기 5월
유충길이 12mm
우화시기 6월
날개길이 16mm
채집장소 서울 우이령

머리색은 주황색이고, 앞가슴등판의 앞부분은 주황색, 뒷부분은 검은 새이며, 배에는 검은 섬무늬가 많다. 잎을 붙이고 속에 통로를 만들고 그 속에 똥을 붙여 놓는다. 잎을 접어 붙이고 번데기가 되어 12일이 지나면 우화한다. 성충 앞날개는 흑갈색이고 전연 가장자리는 밝은 황갈색이다. 외횡선 밖은 색이 약간 더 엷고, 아외연선에는 검은 점선이 있다. 기부에서 1/3, 2/3 되는 지점에는 꺾쇠처럼 생긴 짙은 흑갈색 무늬가 있으나 눈에 잘 띄지 않는다.

종령

성충

성충 표본

J-4-1 두점털수염뿔나방 *Anarsia bimaculata*

먹이식물 다릅나무(*Maackia amurensis*)

유충시기 5월
유충길이 13mm
우화시기 5월
날개길이 15mm
채집장소 하남 검단산

머리와 앞가슴등판은 검은색이고 가슴과 배는 자갈색이다. 들락거릴 수 있을 정도로만 잎 속에 흰 막을 쳐 단단히 붙이고 잎을 먹는다. 잎을 붙이고 번데기가 되어 12일이 지나면 우화한다. 성충 아랫입술수염은 앞으로 뻗어 있고 배는 회갈색이다. 앞날개 전연 중간과 날개 가운데에 약간 긴 흑갈색 무늬가 있다.

종령

성충

성충 표본

J-4-2 국명 없음 *Dichomeris consertella*

먹이식물 개암나무(*Corylus heterophylla* var. *thunbergii*)

유충시기 **6월**
유충길이 **10mm**
우화시기 **7월**
날개길이 **12.5mm**
채집장소 **가평 용추계곡**

머리와 앞가슴등판은 검은색이고, 배는 가늘고 길며 노란색이다. 수관을 자르고 시든 잎 속에 숨어서 그 잎을 싱싱한 잎에 붙이고는 들락거리며 먹는다. 성충 아랫입술수염의 2째마디는 기다란 털 다발로 되어 있다. 앞날개는 노란색이고 아외연선은 굵은 적갈색이며, 전연과 후연 가까운 곳에도 굵은 적갈색 선이 있다.

종령

성충

성충 표본

J-4-3 종가시뿔나방 *Dichomeris japonicella*

먹이식물 신갈나무(*Quercus mongolica*)

유충시기 4~5월
유충길이 15mm
우화시기 5월
날개길이 16mm
채집장소 서울 상일동근린공원

머리와 앞가슴등판, 항문위판은 검은색이고 가슴과 배는 길며 자갈색이다. 잎을 둥글게 감거나 잎 끝을 약간 접어 붙이고 그 속에 숨어서 붙인 잎의 앞쪽을 먹는다. 성충 앞날개는 황토색이고 검은 점무늬가 2개 있다. 외연선은 점선처럼, 아외연선은 엷은 노란색으로 보인다.

종령

번데기가 되려고 붙인 잎　성충　성충 표본

J-4-4 쑥잎말이뿔나방 *Dichomeris rasilella*

먹이식물 꽃향유(*Elsholtzia splendens*), 진득찰(*Siegesbeckia glabrescens*)

유충시기 **7~8월**
유충길이 **10mm, 12mm**
우화시기 **8월**
날개길이 **12~14mm, 16mm**
채집장소 **가평 명지산**

이 종은 먹이식물에 따라 유충이 다르지만 성충과 생활사는 거의 비슷해 생식기 검경이 필요하다. 유충은 모두 머리와 앞가슴이 검고, 가운데가슴에 둥근 집게처럼 생긴 무늬가 있다. 다만 꽃향유를 먹는 유충 몸에는 가는 줄무늬가 있고, 진득찰을 먹은 유충 몸은 무늬가 없는 연두색이다. 둘 다 잎을 약간 접어 들락거릴 수 있을 정도로만 구멍을 내고 붙인 다음 들락거리며 잎을 먹는다. 성충은 외연에 검은 테두리가 뚜렷하고, 날개 끝에 검은 삼각무늬가 있으며 그 뒤로 미색인 부분이 있다. 일본에서도 유충은 다른데 성충이 같아 보이는 점을 지적한다.

꽃향유 유충
진득찰 유충
진득찰 성충
꽃향유 성충
진득찰 성충 표본
꽃향유 성충 표본

J-4-5 큰털보뿔나방 *Dichomeris ustalella*

먹이식물 물오리나무(*Alnus hirsuta*)

유충시기 6~7월
유충길이 15mm
우화시기 7월
날개길이 19mm
채집장소 양평 비솔고개

머리는 흑갈색이고 앞·가운데·뒷가슴의 앞은 흰색, 뒤는 검은색이다. 배는 녹색이고 털받침은 검은색이다. 잎을 붙이고 살며 똥은 밖으로 쏘아 버린다. 잎을 붙이고 번데기가 되어 1주일이 지나면 우화한다. 성충 앞날개는 적갈색이고 뒷날개는 검은색이다.

종령

성충

성충 표본

J-4-6 단풍수염뿔나방 *Faristenia acerella*

먹이식물 신나무(*Acer ginnala*)

유충시기 4~5월
유충길이 12mm
우화시기 5월
날개길이 14.5~15mm
채집장소 하남 검단산

머리는 적갈색, 앞가슴등판은 검은색이다. 잎을 여러 장 꼬깃꼬깃 싸서 붙인다. 잎을 붙이고 번데기가 되어 2주면 우화한다. 성충 아랫입술수염의 2째마디에는 갈색 털 다발이 있고 앞으로 뻗어 있다. 앞날개는 회갈색이고 전연 중간쯤에 흑갈색 삼각무늬가 있다. 그 앞쪽에 작은 무늬가 하나, 뒤쪽에 두어 개 있다. 중앙 부근에 흑갈색 무늬가 있으나 전반적으로 무늬는 뚜렷하지 않다.

종령

성충

성충 표본

J-4-7 큰털수염뿔나방　*Faristenia furtumella*

먹이식물 떡갈나무(*Quercus dentata*), 신갈나무(*Quercus mongolica*)

유충시기 5월
유충길이 12mm
우화시기 5월
날개길이 16mm
채집장소 하남 검단산

머리는 흑자색, 가슴은 검은색이다. 배는 미색이고 배 윗면 양쪽에 굵은 흑자색 줄무늬가 있다. 잎 끝을 반으로 접어 붙인다. 잎을 붙이고 번데기가 되어 12일이 지나면 우화한다. 성충의 아랫입술수염 2째마디에는 큰 사각 털 다발이 있다. 앞날개는 회백색이고 전연 가운데 넓은 띠무늬가 있다. 그 앞에 짧은 띠무늬가 2개, 그 뒤에 3개 있다. 날개 중간에도 작은 갈색 무늬가 산재한다.

종령

성충 표본

J-4-8 검정털수염뿔나방 *Faristenia omelkoi*

먹이식물 쪽동백나무(*Styrax obassia*) 추정

유충시기 6월
유충길이 7mm
우화시기 7월
날개길이 14mm
채집장소 하남 검단산

머리는 갈색이고 앞가슴등판은 미색이며 뒤쪽에 갈색 테두리가 있다. 배는 미색이다. 번데기가 되려고 쪽동백나무 잎 가장자리를 붙이고 있는 개체를 채집했기에 먹이식물은 정확히 모른다. 다만 일본 문헌에는 참나무 종류로 나온다. 성충 앞날개 전연에 짧고 짙은 검은 줄무늬가 5개 있고, 중앙에 있는 짧은 줄무늬 아래에도 짧은 줄무늬가 있다.

종령

번데기가 되려고 붙인 잎

성충

성충 표본

J-4-9 국명 없음 *Hypatima triorthias*

먹이식물 굴참나무(*Quercus variabilis*)

유충시기 5월
유충길이 15mm
우화시기 5월
날개길이 19mm
채집장소 하남 검단산

머리와 앞가슴등판은 검은색이고 배는 쑥색 빛이 도는 검은색이다. 잎을 말아서 그 속에 산다. 잎을 붙이고 번데기가 되어 20일이 지나면 우화한다. 성충 앞날개는 검은색이고 후연을 따라 기부에서 1/5, 2/5, 2/3 되는 지점에 털 다발이 솟아 있고, 그중에서 2/3 되는 지점이 가로로 제일 길다(표본보다 원래 성충 모습에서 더 잘 드러난다). 외연 가까운 곳에 꺾쇠처럼 생긴 흰 선이 있다.

종령

성충

성충 표본

K-1-1 연보라들명나방 *Agrotera nemoralis*

먹이식물 물박달나무(*Betula davurica*)

유충시기 **9월**
유충길이 **15mm**
우화시기 **9월**
날개길이 **17~19mm**
채집장소 **남양주 천마산**

머리와 앞가슴등판은 주황색이고 가슴과 배는 연두색이다. 생김새만 보면 검은보라들명나방 유충과 구별이 가지 않는다. 잎을 붙이고 살며, 잎을 잘라 붙이고 번데기가 되어 12일이 지나면 우화한다. 성충이 검은보라들명나방(내횡선이 직선에 가깝다)과 생김새가 비슷하지만 내횡선이 둥근 것으로 구별했으나 유충이 같아 보이므로 생식기 검경이 필요하다.

종령

성충

성충 표본

K-1-2 제비날개들명나방 *Analthes maculalis*

먹이식물 팥배나무(*Sorbus alnifolia*)

유충시기 4월
유충길이 22mm
우화시기 5월
날개길이 27mm
채집장소 남양주 천마산

머리는 미색이고 가슴과 배는 연한 백록색이다. 가슴마디마다 양쪽에 검은 점무늬가 있다. 잎을 접어 붙이고 들락거리며 잎을 먹는다. 잎을 타원형으로 잘라 단단하게 박음질한 뒤 그 속에서 번데기가 되어 18일이 지나면 우화한다. 성충 앞날개는 흑갈색이고 여기에 미색 무늬가 있으며, 특히 횡맥 바깥쪽에 있는 콩팥무늬는 커서 눈에 띈다.

종령

번데기가 되려고 잘라 붙인 잎

성충

성충 표본

K-1-3 검정알락들명나방 *Anania (Phlyctaenia) coronatoides*

먹이식물 석잠풀(*Stachys riederi* var. *japonica*)

유충시기 7~8월, 9월
유충길이 17mm
우화시기 8월, 이듬해 5월
날개길이 17~18mm
채집장소 하남 검단산

종령 머리는 엷은 살구색이고, 가슴과 배는 미색이며 가운데에 반투명한 흰 줄무늬가 있다. 주맥을 중심으로 잎을 둥글게 말아 붙이고 그 잎을 먹는다. 여름형은 잎을 말고 그 속에서 번데기가 되어 1주일이 지나면 우화한다. 가을형은 갈색 고치를 만들어 유충으로 겨울을 나고 봄에 번데기가 되어 우화하는 것으로 보인다.

종령

종령　성충　성충 표본

K-1-4 제주노랑들명나방 *Anania (Eurrhypara) lancealis*

먹이식물 산박하(*Isodon inflexus*), 오리방풀(*Isodon excisus*), 진득찰(*Siegesbeckia glabrescens*)
따위 꿀풀과, 국화과 식물

유충시기 7월, 9월
유충길이 17mm
우화시기 8월, 이듬해 4월
날개길이 29~30mm
채집장소 가평 석룡산
　　　　　 양평 산음휴양림

머리는 연갈색이고 여기에 갈색 무늬가 있다. 앞가슴에는 크고 검은 점무늬가 있으며, 2, 3째마디에 있는 점무늬는 작아 어떤 것은 눈에 잘 띄지 않는다. 배는 백록색이며 배 윗면 양쪽에 희미한 흰 줄무늬가 있다. 노숙하면 색이 엷어져 배 윗면은 희게 보인다. 잎을 접어 붙이고 살고 그 속에서 번데기가 되어 15일이 지나면 우화한다. 가을형은 번데기로 겨울을 나는 것과 유충으로 겨울을 나는 것이 있었고 모두 이듬해 4월에 우화했다. 성충의 앞날개가 좁고 길며 외횡선은 흑갈색이고 거친 톱날모양이다. 횡맥에 있는 짧은 줄무늬와 중실 속에 있는 검은 점무늬 사이는 색이 엷은 갈색이다.

종령

노숙 유충　　성충　　성충 표본

K-1-5 세점들명나방 *Anania (Proteurrhypara) ocellalis*

먹이식물 누린내풀(*Caryopteris divaricata*), 송장풀(*Leonurus macranthus*)

유충시기 9~10월
유충길이 30mm
우화시기 이듬해 5월
날개길이 35mm
채집장소 하남 검단산

머리 양쪽과 앞가슴등판 양쪽에 검은 무늬가 있고 가슴과 배는 통통한 편이며 미색이다. 잎을 반으로 접거나 2장을 단단히 붙이고 들락거리면서 다른 잎이나 붙인 잎의 앞쪽을 먹는다. 화관이 긴 식물을 먹는데 검단산에서는 이런 식물이 점차 줄어 유충을 찾기가 힘들었다. 잎을 붙이고 그 안에서 유충으로 겨울을 나고 봄에 번데기가 된다. 성충 앞뒤날개는 흑갈색이며, 외횡선은 엷은 노란색이고 톱날모양이다. 횡맥 안쪽에는 뚜렷한 노란 사각무늬가 있다.

종령

잎을 붙인 모양

성충

성충 표본

K-1-6 혹명나방 *Cnaphalocrocis medinalis*

먹이식물 벼(*Oryza sativa*)

유충시기 **8월**
유충길이 **15mm**
우화시기 **9월**
날개길이 **15~17mm**
채집장소 **가평 청평**

머리와 앞가슴등판은 연한 갈색이고, 여기에 갈색 줄무늬가 있다. 잎을 길게 접어 붙이고 먹는다. 어려서는 표피층을 남기고 먹으며 종령이 되면 잎을 위에서부터 수평으로 갉아 먹으며 내려온다. 잎 속에서 번데기가 되어 10일이 지나면 우화한다. 성충 앞뒤날개의 아외연선바깥과 앞날개 전연의 기부에서 2/3 지점까지 검은색이다. 수컷 앞날개 전연 중간에 있는 인편 다발은 마치 혹처럼 보인다.

종령

잎을 먹은 흔적

성충

성충 표본

K-1-7 울릉노랑들명나방 *Cotachena alysoni*

먹이식물 돌뽕나무(*Morus tiliaefolia*)

유충시기 **8월**
유충길이 **10mm**
우화시기 **8월**
날개길이 **17mm**
채집장소 **구미 금오산**

머리는 연한 노란색이고 가슴과 배는 녹색이다. 어린 잎을 여러 장 붙이고 산다. 잎을 잘라 붙이고 번데기가 되며, 잘라 붙인 선 부근에 입질한 짧은 자국이 있다. 성충 앞날개는 황갈색이고 흰 무늬가 3개 있다. 흰무늬노랑들명나방과 생김새가 아주 비슷하지만 흰무늬노랑들명나방은 외횡선 밖에 검은 부분이 없어 이것으로 구별할 수 있다.

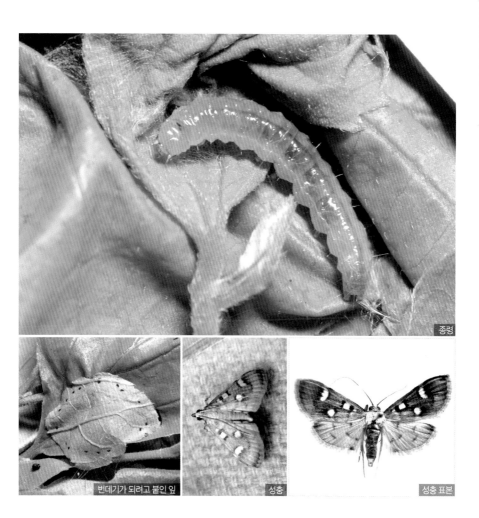

종령

번데기가 되려고 붙인 잎

성충

성충 표본

K-1-8 말굽무늬들명나방 *Eurrhyparodes contortalis*

먹이식물 신갈나무(*Quercus mongolica*)

유충시기 **8~9월**
유충길이 **27mm**
우화시기 **9~10월**
날개길이 **28mm**
채집장소 **남양주 천마산**

더듬이 위로 양쪽에 수염처럼 생긴 검은 무늬가 있고, 가슴 양쪽에 작고 검은 점이 있다. 뒷가슴다리는 게 다리처럼 옆으로 약간 뻗어 있다. 잎 2장을 조금 엉성하게 붙이고 산다. 잎을 타원형으로 잘라 붙이고 번데기가 되어 15일이 지나면 우화한다. 성충 뒷날개에는 짙은 갈색으로 둘러싸인 반투명한 말굽무늬가 있다.

종령 옆면

종령

번데기가 되려고 붙인 잎

성충

성충 표본

K-1-9 노랑무늬들명나방 *Goniorhynchus exemplaris*

먹이식물 계요등(*Paederia scandens*)

유충시기 8~9월
유충길이 20mm
우화시기 9월
날개길이 21~22mm
채집장소 밀양 재약산

머리는 연한 갈색이고 여기에 짙은 갈색 무늬가 있다. 홑눈 주변은 검은색이고 가슴에는 검은 점무늬가 있다. 배 윗면은 투명한 적흑색이고 배 아랫면은 흰색이다. 잎을 붙이거나 접어 풍선처럼 붙이고 바깥 표피층을 남기고 먹는다. 먹힌 잎은 투명하다. 똥도 접은 잎 속에 쌓아 둔다. 잎을 잘라 붙이고 번데기가 되어 16일이 지나면 우화한다. 성충 앞뒤날개는 연노랑색이고 횡선들과 전연, 아외연선 밖은 짙은 갈색이다.

종령

중령

성충

성충 표본

K-1-10 노랑줄무늬들명나방 *Herpetogramma magnum*

먹이식물 파리풀(*Phryma leptostachya* var. *asiatica*)

유충시기 5월
유충길이 28mm
우화시기 6월
날개길이 35mm
채집장소 울릉도

머리와 앞가슴등판은 검은색이고, 생김새가 목화명나방 유충과 비슷하나 가슴다리가 미색인 점이 다르다. 잎을 둥글게 말고 그 속에 똥도 붙여 놓고 먹는다. 잎을 둥글게 붙이고 번데기가 되어 보름 정도 지나면 우화한다. 성충 앞날개는 흑갈색이고 내횡선 안쪽과 외횡선 바깥쪽이 노란 무늬로 둘러 있다.

종령

성충

성충 표본

K-1-11 국명 없음 *Notarcha quaternalis*

먹이식물 가막살나무(*Viburnum dilatatum*)

유충시기 9월
유충길이 15mm
우화시기 10~11월
날개길이 18mm
채집장소 고창 고인돌공원

머리는 황적색이고 앞가슴은 머리보다 색이 엷다. 배는 백록색이다. 잎을 놀놀 말아 붙이고 안쪽 잎을 먹는다. 채집 당시, 많이 발생했는지 나무에 성한 잎이 없었다. 잎을 잘라 붙이고 1달이 지나 우화한 것도 있고, 2달이 지나서 우화한 것도 있었다. 성충 앞뒤날개는 짙은 노란색이고 그 사이 사이에 흰 줄무늬가 있다. 앞날개 전연에 검은 점무늬가 3개 있고, 횡맥에 있는 검은 무늬도 눈에 띈다.

종령

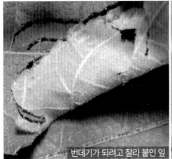
번데기가 되려고 잘라 붙인 잎

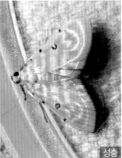
성충

성충 표본

K-1-12 노랑다리들명나방 *Omiodes noctescens*

먹이식물 칡(*Pueraria thunbergiana*)

유충시기 7~8월
유충길이 33mm
우화시기 이듬해 4월
날개길이 35~38mm
채집장소 남양주 천마산
　　　　서울 상일동근린공원

머리와 앞가슴은 살구색이고 앞가슴 양쪽에 둥글고 검은 무늬가 있다. 배는 약간 투명한 쑥색이거나 미색이다. 잎을 접어 붙이고 먹으며 그 속에서 번데기가 된다. 성충 앞뒤날개는 검은색이고 다리는 짙은 노란색이다.

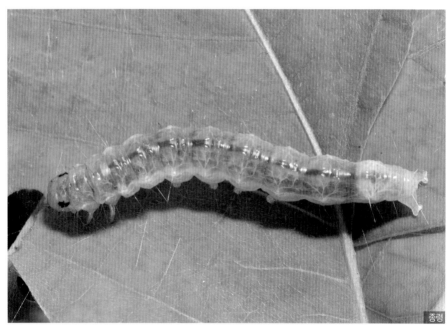
종령

성충

성충표본

K-1-13 세줄꼬마들명나방 *Omiodes poenonalis*

먹이식물 화본류(Gramineae spp.), 콩과(Leguminosae spp.) 식물

유충시기 7월
유충길이 15mm
우화시기 8월
날개길이 21~22mm
채집장소 남양주 천마산

머리는 살구색이고 앞가슴 양쪽에 검은 점무늬가 있다. 잎을 붙이고 먹으며 살다가 번데기가 되어 1주일 남짓이면 우화한다. 성충 앞뒤날개는 흑갈색이고 횡선들은 뚜렷하다.

종령

성충 표본

K-1-14 콩줄기명나방 *Ostrinia scapulalis*

먹이식물 쑥(*Artemisia princeps*)

유충시기 9~10월
유충길이 15mm
우화시기 11월
날개길이 18mm
채집장소 고창 고인돌공원

머리는 검은색이고 앞가슴등판은 희미한 적갈색이며 양쪽에 점무늬가 있다. 종령이 되면 가슴과 배는 자갈색으로 변하고 가슴과 배 윗면에 짙은 선이 드러난다. 잎을 붙이고 먹다가 조금 더 자라면 줄기 속을 파고 들어가 산다. 잎을 붙이고 그 속에서 번데기가 되어 25일이 지나면 우화한다. 성충 수컷의 가운데다리 종아리마디는 부푼 듯 두껍고, 여기에는 긴 털 다발이 있다. 날개는 연노랑 바탕에 갈색 무늬가 있다. 성충은 광식성이며 1년에 여러 번 발생한다. 비슷한 종이 많아 생식기 검경이 필요하다.

종령

줄기 속의 종령   성충   성충 표본

K-1-15 큰조명나방 *Ostrinia zealis bipatrialis*

먹이식물 큰엉겅퀴(*Cirsium pendulum*)

유충시기 8월~이듬해 6월
유충길이 32mm
우화시기 이듬해 7월
날개길이 31mm
채집장소 서울 길동생태공원

머리와 앞가슴은 검은색이고 가슴과 배는 회색을 띠고 자라면서 색이 점차 엷어진다. 식물 줄기 속에 터널을 만들고 줄기 속 섬유질을 먹고 산다. 까만 똥을 구멍 밖으로 낸다. 한 줄기 안에 여러 마리가 살기도 한다. 9월까지 함께 먹고 지내다 줄기 사이에 섬유질을 쌓아 각자 공간을 만들고 얇은 막을 친 뒤 유충으로 월동하고 이듬해 6월이 지나면 번데기가 된다. 생활사로 보아 1년에 1회 발생하는 것 같다. 비슷한 종이 많아 생식기 검경이 필요하다.

10월 월동에 들어간 유충

8월

9월

성충 표본

K-1-16 애기흰들명나방 *Palpita inusitata*

먹이식물 쥐똥나무(*Ligustrum obtusifolium*)

유충시기 5월
유충길이 15mm
우화시기 6월
날개길이 23mm
채집장소 영암 월출산

머리는 살구색이고 가슴과 배는 연두색이다. 가슴에는 검은 점무늬가 있다. 잎을 여러 장 붙이고 먹으며 잎을 붙이고 그 속에 들어가 번데 기가 된다. 유충과 성충 모두 수수꽃다리명나방과 비슷하다. 다만 애 기흰들명나방 유충의 가운데가슴 기문 가까이에 검은 점무늬가 하나 더 있다는 점, 성충 앞날개 중앙에 노란 무늬가 있다는 점, 아외연선 이 많이 휘었다는 점으로 구별할 수 있다.

종령

성충

성충 표본

K-1-17 배흰들명나방 *Pleuroptya deficiens*

먹이식물 큰물통이(*Pilea hamaoi*)

유충시기 **7월**
유충길이 **17mm**
우화시기 **8월**
날개길이 **20mm**
채집장소 **가평 석룡산**

머리는 미색이고 갈색 줄무늬가 있으며, 가슴과 배는 투명한 녹색이다. 앞가슴등판 양쪽에 길고 검은 줄무늬가 있고, 가슴 2, 3째마디에는 작고 검은 점무늬가 있다. 잎 여러 장을 실로 엉성하게 붙이고는 잎맥만 남기고 먹는다. 잎을 잘라 붙이고 그 속에서 번데기가 되어 13일이 지나면 우화한다. 성충 앞날개는 노란색이 도는 흑갈색이고 횡선들은 흑갈색이다. 외횡선 밖에 있는 연한 노란색 띠무늬는 뚜렷하나 내횡선, 중횡선의 띠무늬는 희미하다.

종령

중령

성충

성충 표본

K-1-18 진도들명나방 *Pyrausta mutuurai*

먹이식물 산박하(*Isodon inflexus*)

유충시기 5~7월
유충길이 13mm
우화시기 6~8월
날개길이 14mm
채집장소 양평 비솔고개

머리는 엷은 갈색이고, 가슴 3마디 양쪽에 있는 검은 점무늬는 튀어나온 것처럼 보인다. 배에는 쑥색과 흰색 줄무늬가 번갈아 있다. 잎을 꼬깃꼬깃 접어 붙이고 그 속에 숨어 산다. 잎을 붙이고 번데기가 되어 8일이 지나면 우화한다. 성충 앞날개에는 검은색과 자주색이 뒤섞여 있고, 외횡선 중간에는 둥근 주황색 무늬가 있다. 1년에 2회 이상 발생하는 것으로 보인다.

종령

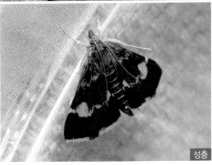
성충

성충 표본

K-1-19 꽃날개들명나방 *Tyspanodes striata*

먹이식물 고추나무(*Staphylea bumalda*)

유충시기 5월
유충길이 20mm
우화시기 6월
날개길이 25mm
채집장소 가평 석룡산

머리는 살구색, 앞가슴등판에는 사선으로 검은 줄무늬가 있다. 가슴과 배는 백록색이다. 잎 2장을 다른 한 장 위에 약간 공간이 생기게끔 붙이고 그 속에 들어가 산다. 줄검은들명나방 유충과 생김새, 습성이 거의 비슷하지만, 줄검은들명나방 유충의 앞가슴 양쪽에 있는 무늬가 약간 둥글어 구별할 수 있다. 성충 앞날개 무늬도 줄검은들명나방과 비슷하지만 줄검은들명나방은 바탕이 흰색이어서 차이가 난다.

종령

성충

성충 표본

K-1-20 주홍날개들명나방 *Udea ferrugalis*

먹이식물 개여뀌(*Persicaria longiseta*)

유충시기	9월
유충길이	16mm
우화시기	9월
날개길이	19mm
채집장소	밀양 구만산

머리, 앞가슴등판은 살구색이고, 가슴과 배는 백록색이며 가슴과 배 윗면 양쪽에 가는 흰색 줄무늬가 있다. 잎 여러 장을 붙이고 들어가 살며 똥도 그 속에 붙여 놓는다. 잎을 붙이고 번데기가 되어 8일이 지나면 우화한다. 성충 앞날개는 적갈색이고, 중실 안과 끝에 검은 무늬가 있다. 톱니모양인 외횡선은 둥글게 휘었다.

종령

중령

성충

성충 표본

L-1-1 곧은띠비단명나방 *Orthopygia glaucinalis*

먹이식물 마른 참나무(*Oak trees*) 잎

유충시기 3~5월
유충길이 20mm
우화시기 5월
날개길이 24~27mm
채집장소 서울 상일동근린공원

머리와 앞가슴등판은 적흑색이며, 배는 검은색이고 광택이 난다. 마른 잎과 똥을 거미줄 같은 실줄에 잔뜩 붙이고, 그 속에 길고 질긴 통로를 만들어 놓고 마른 잎을 먹으며 산다. 전년도의 유충이 겨울을 지낸 것 같다. 5월 초에 약간 납작한 타원형처럼 생긴 연갈색 고치를 만들고 번데기가 되어 5월 중에 우화한다. 성충 앞날개 전연은 약간 붉고, 외횡선은 직선에 가깝다.

종령

고치

성충

성충 표본

L-1-2 **왕빗수염줄명나방** *Sacada fasciata*

먹이식물 다릅나무(*Maackia amurensis*), 신갈나무(*Quercus mongolica*)

유충시기 6월
유충길이 25~30mm
우화시기 6~7월
날개길이 26~33mm
채집장소 가평 명지산
　　　　 가평 용추계곡

4령 머리와 앞가슴은 검은색이고 가슴과 배는 짙은 흑회색이다. 배 윗면 가운데에 노란색 줄무늬가 2개 있고 마디마다 검은 무늬가 있다. 잎 2장이나 여러 장을 실로 엮어 붙이고 그 속에서 들락거리며 잎을 먹는다. 종령이 되면 머리가 적갈색으로 변한다. 잎 사이에 실을 더 빽빽이 붙이고 번데기가 되어 약 1달 전후로 우화한다. 성충은 빗수염줄명나방과 비슷하게 생겼으나 앞날개의 외횡선은 빗수염줄명나방만큼 내횡선과 가까워지지 않는 것으로 구분한다.

4령

노숙유충　　성충　　성충 표본

L-2-1 끝검은집명나방 *Noctuides melanophia*

먹이식물 신갈나무(*Quercus mongolica*)

유충시기 4~6월
유충길이 18~35mm (집 길이)
우화시기 7월
날개길이 15~19mm
채집장소 남양주 천마산
          양평 비솔고개

머리와 앞가슴은 검고, 배는 짙은 회색빛이 도는 검은색이다. 똥을 붙여 긴 나팔 모양 집을 만들어 잎에 붙이고 들락거리며 잎을 먹는다. 어릴 때는 잎맥을 남기고 먹으나 종령이 되면 잎 전체를 먹는다. 똥 색에 따라 집 색이 달라진다. 이동할 때는 집을 떼어서 다른 곳에 붙인다. 다 자라면 집을 몸 크기에 맞춰 타원형으로 만들고 나머지는 잘라 버린다. 똥 고치 크기는 12×5㎜이고 고치를 만든 지 13일이 지나면 우화한다. 성충 앞날개의 외횡선 안은 연한 녹색 비늘로 덮여 있으며, 외횡선 밖은 검은색이다.

종령

집(10㎜)

집 잘라 내기

잘라 낸 똥 고치

성충

성충 표본

L-2-2 타이형집명나방 *Stericta kogii*

먹이식물 개암나무(*Corylus heterophylla* var. *thunbergii*)

유충시기 9월
유충길이 15mm
우화시기 이듬해 5월
날개길이 16mm
채집장소 하남 검단산
　　　　　양평 산음휴양림

머리는 적갈색이고 가슴등판은 흑갈색이다. 거미집처럼 잎 여러 장을 아주 단단히 붙이고 여기에 똥도 붙이고 산다. 잎이 마르거나 시들어도 그 속에 살며, 그 잎을 붙이고 번데기가 된다. 성충 앞날개 기부는 검은색이고 그 바깥은 미색이며 여기에 검은 점무늬가 2개 있다. 외연, 연모도 검은색이다. 수컷 더듬이 자루마디에 검은 비늘로 덮인 긴 돌기가 있다.

종령

성충 수컷. 더듬이의 자루마디 돌기가 가슴 위에 있다.

집

성충 표본

L-2-3 흰무늬집명나방붙이 *Termioptycha nigrescens*

먹이식물 붉나무(*Rhus chinensis*), 신갈나무(*Quercus mongolica*)

유충시기 5~6월
유충길이 25mm
우화시기 6~7월
날개길이 28mm
채집장소 가평 용추계곡
　　　　　남양주 예봉산

종령은 연두색이고 가슴과 배 윗면 양쪽에 미색 줄무늬가 있다. 이 줄무늬 옆에는 마디마다 작고 검은 점무늬가 있다. 잎마다 실을 빽빽이 치고 그 밑에 한 마리씩 살며, 이곳을 들락거리며 잎을 먹는다. 잎을 붙이고 번데기가 되어 25일 정도 지나면 우화한다. 성충의 앞날개 내횡선, 외횡선 사이는 흰색이고, 기부와 전연에는 녹색 무늬가 있다.

종령

4령

잎 위의 유충 집

성충

성충 표본

L-3-1 작은통알락명나방 *Acrobasis cymindella*

먹이식물 벚나무(*Prunus serrulata* var. *spontanea*)

유충시기 5월
유충길이 20mm
우화시기 5월
날개길이 20mm
채집장소 하남 검단산

머리는 황갈색이고 적갈색 줄무늬가 있다. 앞가슴등판은 갈색이고 양쪽에 검은 점무늬가 있으며, 가슴과 배는 흑자색이다. 어린 잎을 여러 장 붙이고 그 속에 똥도 붙여 질긴 통로를 만들고 들락거리며 잎을 먹는다. 잎을 잘라 붙이고 번데기가 되어 16일쯤 지나면 우화한다. 성충 앞날개의 횡맥에는 검은 점무늬가 2개 떨어져 있다. 전연에서부터 후연 가운데에 걸쳐 반달처럼 생긴 흰 띠무늬가 있고, 그 안쪽에 검은 쐐기무늬가 있다.

종령

성충

성충 표본

L-3-2 배잎말이알락명나방 *Acrobasis hollandella*

먹이식물 개다래(*Actinidia polygama*), 미역줄나무(*Tripterygium regelii*)

유충시기 5월
유충길이 18mm
우화시기 5~6월
날개길이 21~23mm
채집장소 남양주 천마산
평창 오대산

몸은 연녹색이다. 줄기 끝에 난 어린 잎을 여러 장 꼬깃꼬깃 접어 그 속에 둥글고 질긴 방을 만들고 산다. 똥도 그 속에 쌓아 둔다. 잎을 붙이고 번데기가 되어 10일이 지나면 우화한다. 성충 앞날개는 회갈색이고, 후연 가까이에 있는 내횡선 안쪽에 자갈색 무늬가 있고 바깥에는 작은 흰 무늬가 있다. 횡맥에는 검은 줄무늬가 있고 이것과 나란히 또 다른 검은 줄무늬가 있다.

종령

성충

성충 표본

173

L-3-3 반원알락명나방 *Acrobasis pseudodichromella*

먹이식물 노박덩굴(*Celastrus orbiculatus*)

유충시기	8월
유충길이	15mm
우화시기	8월
날개길이	19~21mm
채집장소	괴산 화양계곡

머리에 더블유(W)자처럼 생긴 무늬가 있고 가슴과 배는 녹색이다. 잎 여러 장을 둥글게 접어 실로 말고 그 속에 여러 마리가 함께 산다. 흙 속에 들어가 고치를 만들고 번데기가 되어 2주가 지나면 우화한다. 성충 앞날개는 회갈색이고 검은 점들이 산재한다. 전연에서 후연까지 반원모양의 흰색 선이 뚜렷하고 그 안쪽 후연에 쐐기모양인 크고 검은 무늬가 있으며, 그 바깥에는 전연에 검은 무늬가 있다.

종령

성충

성충 표본

L-3-4 국명 없음 *Acrobasis subceltifoliella*

먹이식물 팽나무(*Celtis sinensis*)

유충시기 5월
유충길이 13mm
우화시기 6월
날개길이 16~17mm
채집장소 남양주 천마산

머리는 검은색이고 앞가슴은 흑갈색이며, 가슴과 배는 녹색이다. 잎 여러 장을 꼬깃꼬깃 접어 붙이고 산다. 잎을 붙이고 번데기가 되어 10일이 지나면 우화한다. 성충 앞날개의 내횡선은 뚜렷한 검은색이고 그 바깥쪽에는 굵은 적갈색 부분이 있으며, 그 옆에는 흰색과 검은색이 있다. 전연에서부터 보면 반원처럼 보인다. 아외연선에는 흰 물결 무늬가 있다.

종령
성충
성충 표본

L-3-5 뱀줄알락명나방   *Ceroprepes ophthalmicella*

먹이식물 노박덩굴(*Celastrus orbiculatus*)

유충시기 9~10월
유충길이 20mm
우화시기 이듬해 1월
날개길이 23~25mm
채집장소 가평 명지산

머리에는 줄무늬가 있고, 가슴과 배는 녹색이며 가슴과 배 윗면 양쪽에 적갈색 줄무늬가 있다. 종령이 되면 가슴과 배 윗면이 붉은색으로 변한다. 잎 여러 장을 실로 얼기설기 엮어 놓고, 그 속에 길고 질긴 통로 같은 집을 만들어 똥도 붙여 놓는다. 잎을 붙이고 번데기가 된다. 12월 한파가 지나고 한동안 날이 따뜻해지자 번데기 색이 변하더니 1월에 우화했다. 성충 앞날개 외횡선은 검은색이고 중간쯤에서 크게 휜다. 발생 시기를 근거로 동정했으나, 검은줄알락명나방과 생김새가 아주 비슷해 생식기 검경이 필요하다.

종령

노숙 유충

성충

성충 표본

L-3-6 배무늬알락명나방 *Conobathra bellulella*

먹이식물 신갈나무(*Quercus mongolica*)

유충시기 9월
유충길이 12mm
우화시기 이듬해 5월
날개길이 16mm
채집장소 서울(광진구) 아차산

몸의 마디가 굵기도 하고 가늘기도 해서 마치 굵은 줄에 가락지를 여러 개 끼어 놓은 것처럼 보인다. 잎 2장을 포개어 붙이고 그 속에 살면서 잎의 바깥쪽 면을 남기고 먹는다. 성충의 더듬이 기절은 각진 모양으로 굵고 평평하며, 여기에 작은 돌기가 있다. 앞날개 내횡선 안은 자갈색이고, 바깥은 갈색이다. 후연 중간에는 미색 쐐기무늬가 있다.

종령

성충

성충 표본

L-3-7 **사과알락명나방** *Conobathra bifidella*

먹이식물 돌배나무(*Pyrus pyrifolia*), 산사나무(*Crataegus pinnatifida*)

유충시기 **5월**
유충길이 **15mm**
우화시기 **6월**
날개길이 **17mm**
채집장소 **가평 명지산**
　　　　평창 오대산

몸은 갈색이고, 앞가슴등판에는 검은 무늬가 있다. 잎 여러 장에 걸쳐 실을 치고, 아래 가지 사이에 질긴 막을 친다. 그곳에 숨어 들락거리며 실로 엮어 놓은 잎을 먹고 번데기가 되어 우화한다. 성충 앞날개의 내횡선은 검은색이고, 내횡선 밖에 연한 적갈색 무늬가 있다. 횡맥에는 검은 점무늬가 2개 붙어 있다. 아외연선은 아주 구불구불하다.

종령

성충

성충 표본

L-3-8 느티나무알락명나방　*Conobathra frankella*

먹이식물 느릅나무(*Ulmus davidiana* var. *japonica*), 느티나무(*Zelkova serrata*)

유충시기 5~6월
유충길이 18~19mm
우화시기 6월
날개길이 18~19mm
채집장소 남양주 천마산
　　　　　평창 오대산

머리와 앞가슴은 적갈색이고 가슴과 배는 흑갈색이다. 가지 주변에 잎을 여러 장 붙이고 그 속에 똥을 붙여 통로 같은 집을 만든다. 집에 숨어 들락거리며 잎을 먹는다. 잎을 붙이고 번데기가 되어 10일이 지나면 우화한다. 성충 앞날개의 기부, 전연의 삼각무늬와 날개 끝은 희미한 흑자색이다. 전연에 있는 흑자색 삼각무늬의 테두리는 회색이고, 내횡선은 엷은 녹두색이며 중간 뒤부터는 바깥으로 뺀다.

종령

잎을 붙인 모양　　성충　　성충 표본

L-3-9 통알락명나방　*Conobathra squalidella*

먹이식물 벚나무(*Prunus serrulata* var. *spontanea*)

유충시기 6월
유충길이 17mm
우화시기 7월
날개길이 20mm
채집장소 하남 검단산

머리는 황갈색이고 앞가슴은 갈색이다. 앞가슴 양쪽에 검은 점무늬가 있고 가운데에는 작은 돌기가 몇 개 있다. 배는 연한 쑥색이다. 수관을 잘라 잎이 시들면 그 속에 마른 잎과 똥을 붙여 질긴 방을 만든다. 이 방을 싱싱한 잎에 붙이고 방을 들락거리며 잎을 먹는다. 잎을 붙이고 번데기가 되어 10일이 지나면 우화한다. 성충 앞날개의 내횡선은 미색이지만 뚜렷하지 않다. 후연 근처의 내횡선 바깥쪽 색깔은 순서대로 검은색, 적자색, 미색이다. 횡맥에 있는 검은 점무늬 2개는 서로 떨어져 있다. 아외연선은 흰색이며 외연과 거의 평행한다.

종령

성충

성충 표본

L-3-10 흰빗줄알락명나방 *Crytoblabes loxiella*

먹이식물 신갈나무(*Quercus mongolica*)

유충시기 **9월**
유충길이 **12mm**
우화시기 **10~11월**
날개길이 **15~16mm**
채집장소 **남양주 천마산**
하남 검단산

몸은 연갈색이고, 기문 위는 짙은 갈색이다. 가슴과 배 윗면에는 희미한 요철무늬가 있다. 잎 2장을 붙이고 아래쪽 잎을 잎맥만 남기고 먹는다. 붙인 잎 속에서 번데기가 되어 우화한다. 성충 앞날개는 회갈색이다. 직선에 가까운 내횡선은 흰색이고 선 바깥쪽은 색이 짙다. 아외연선도 흰색이고 선 안쪽에 검은 부분이 있으며, 횡맥에는 검은 점무늬가 2개 있다.

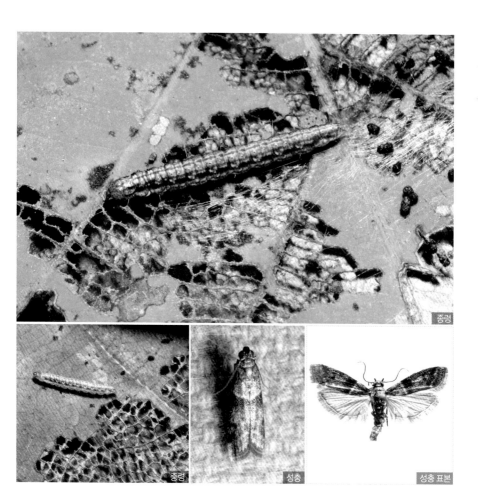

종령

종령   성충   성충 표본

L-3-11 줄노랑알락명나방 *Nephopterix bicolorella*

먹이식물 신갈나무(*Quercus mongolica*)

유충시기 **7월~이듬해 5월**
유충길이 **18mm**
우화시기 **이듬해 6월**
날개길이 **25~27mm**
채집장소 **남양주 축령산**
        남양주 천마산

적갈색 무늬를 띤다. 수십 마리가 실을 뽑아 잎을 단단하게 붙이고 똥도 붙여 그 사이에 질긴 통로를 만든다. 통로 속에 살며 잎 한 면만 먹거나 남은 한 면도 먹고는 잎맥만 남기기도 한다. 붙인 잎 속에서 그대로 겨울을 난다. 봄이 되면 새잎을 조금 더 먹고 5월에 그 속에서 번데기가 되어 우화한다.

여름에 잎을 붙인 모양

겨울을 난 4월 유충

8월 유충

9월에 월동에 들어가는 유충

성충

성충 표본

L-3-12 **남방알락명나방**   *Nephopterix maenamii*

먹이식물 노린재나무(*Symplocos chinensis* var. *leucocarpa* for. *pilosa*)

유충시기 4~5월
유충길이 22mm
우화시기 5월
날개길이 25mm
채집장소 하남 검단산

머리는 연두색이고, 가슴과 배는 녹색이며 여기에 흰 물결무늬가 여럿 있다. 어린 잎 여러 장을 실로 붙이고 그 속에 산다. 잎 여러 장을 대강 실로 묶고 그 속에서 번데기가 되어 15일이 지나면 우화한다. 성충 더듬이 기절은 흰 비늘로 덮여 있고, 앞날개는 갈색이나 전연 쪽 반은 흰빛 광택이 나며, 중간에 검고 굵은 띠무늬가 전연에서 후연까지 있다.

종령

잎을 붙인 모양   성충   성충 표본

L-3-13 두점알락명나방 *Protoetiella bipunctella*

먹이식물 노박덩굴(*Celastrus orbiculatus*), 회잎나무(*Euonymus alatus* for. *ciliato-dentatus*)

유충시기 6~7월
유충길이 25~30mm
우화시기 이듬해 3월
날개길이 25mm
채집장소 포천 광릉수목원
　　　　　가평 명지산

머리는 갈색이고 가는 무늬가 있다. 가슴과 배 윗면은 적갈색이고 마디마다 꺾쇠처럼 생긴 짙은 갈색 무늬가 있다. 색이 옅은 개체도 있다. 잎을 여러 장 붙여 풍선처럼 집을 만들고 들락거리며 잎을 먹는다. 다 자라면 지면에 떨어진 잎을 붙이고 그 속에 질긴 갈색 고치를 만들어 번데기가 된다. 성충 더듬이는 아래에 비늘 다발이 있어 약간 두껍고, 앞날개 후면 중간과 끝에 검은 얼룩무늬가 2개 있어 동정하기 쉽다.

종령

몸 색깔이 다른 개체　　성충　　성충 표본

L-3-14 반검은알락명나방 *Psorosa decolorella*

먹이식물 상수리나무(*Quercus acutissima*), 신갈나무(*Quercus mongolica*)

유충시기 6월, 8~9월
유충길이 12~15mm
우화시기 7~8월, 이듬해 4월
날개길이 15~22mm
채집장소 가평 축령산
　　　　　가평 용추계곡
　　　　　하남 검단산
　　　　　양평 산음휴양림 따위
　　　　　여러 곳

몸은 검은색이다. 잎 2장을 딱 붙이고 그 속에 질긴 방을 만든다. 그 속에서 붙인 잎의 한쪽 면을 먹고 주위에 똥을 붙이고 산다. 다른 유충과 같이 사는 경우가 많다. 여름형은 잎 한 면을 먼저 먹고 나중에 남은 면을 먹고는 잎맥만 남긴다. 잎 2장을 꼭 붙여 고치를 만들어, 잎을 떼면 고치가 찢어진다. 늦여름형은 그해 8월과 이듬해 4월에 우화했다. 유충 개체수는 어느 해, 어느 곳에서나 많은 편이다. 성충 수컷의 더듬이 기절에는 흑갈색 비늘 다발이 있다. 앞날개는 회색이고, 내횡선은 회백색이며 이 선 안쪽으로 넓고 검은 띠무늬가 있다.

종령

고치　　　성충　　　성충 표본

L-3-15 굵은수염알락명나방 *Spatulipalpia albistrialis*

먹이식물 노박덩굴(*Celastrus orbiculatus*)

유충시기 7월
유충길이 18mm
우화시기 8월
날개길이 19~20mm
채집장소 하남 검단산

머리와 앞가슴은 흑자색이고 가슴과 배는 연두색이다. 실로 잎을 여러 장 엮어 붙이고 산다. 어릴 때는 잎의 한 면만 먹고, 종령이 되면 잎에 구멍을 내면서 먹는다. 붙인 잎에 똥도 붙이고 그 속에 얇은 막으로 된 통로 같은 것을 만들어 위험을 느끼면 숨는다. 똥을 붙인 고치를 만들거나, 흙 속에 들어가 고치를 만들고 번데기가 되어 12일 정도 지나면 우화한다. 성충 앞날개는 흑자색이고, 중실 아래와 후연에는 흰 세로무늬가 있다.

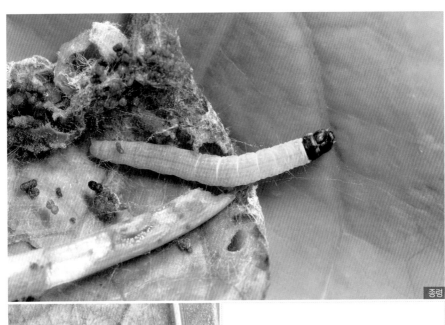
종령

성충

성충 표본

M 깜둥이창나방 *Thyris fenestrella*

먹이식물 사위질빵(*Clematis apiifolia*), 으아리(*Clematis mandshurica*)

유충시기 7월, 9월
유충길이 10mm
우화시기 8월, 이듬해 4월
날개길이 15~17mm
채집장소 남양주 천마산

머리와 앞가슴등판은 검은색이고, 배는 짙은 회색이며 검은 점무늬가 많다. 테이프로 감듯이 잎을 감아 붙이고 그 속에서 잎을 먹는다. 잎을 다 먹으면 다른 잎으로 옮겨 간다. 다 자라면 흙 속에 들어가 고치를 만들고 번데기가 된다. 여름에는 15일이 지나면 우화한다. 성충은 낮에도 70도 정도로 몸을 세우고 꽃에서 꿀을 먹는다. 1년에 2회 발생한다.

종령

잎을 만 모양

성충

성충 표본

N-1 칠성털날개나방 *Fuscoptilia emarginatus*

먹이식물 잡싸리(*Lespedeza xschindleri*), 조록싸리(*Lespedeza maximowiczii*)

유충시기 **5월**
유충길이 **10mm**
우화시기 **6월**
날개길이 **18~20mm**
채집장소 **가평 명지산**
　　　　　평창 백운산

몸은 방추형이고 녹색이다. 가슴과 배 윗면에 흰 줄무늬가 2개 있고 짧은 털이 많다. 잎 위에서 긴 삼각 번데기가 되어 10일이 지나면 우화한다. 성충 앞뒤날개는 황갈색이다. 앞날개와 뒷날개 윗부분은 둘로 얕게 갈라진다. 뒷날개 나머지 부분은 기부까지 갈라진다. 앞날개 끝은 날카롭게 휘었고 후연에는 흑갈색 무늬가 군데군데 있다.

종령

번데기　　　성충　　　성충 표본

N-2 쑥부쟁이털날개나방 *Hellinsia nigridactylus*

먹이식물 섬쑥부쟁이(*Aster glehni*)

유충시기 5월
유충길이 7mm
우화시기 6월
날개길이 17mm
채집장소 울릉도(죽도)

배 윗면 중간에 마디마다 흰 줄무늬가 2개 있고 그 사이에는 작고 검은 점무늬가 2개 있다. 몸 전체에 흰 털이 많다. 잎을 접어 붙인 다음 잎 뒷면 주맥에 붙어서 표피층을 남기고 잎을 먹는다. 번데기도 유충과 모양이 비슷하고, 번데기가 된 뒤 1주일이 지나면 우화한다. 성충 앞뒤날개는 흑갈색이고, 앞날개 전연은 색이 옅고 끝에는 검은 띠무늬가 있다. 앞날개는 둘로 나뉘고, 뒷날개는 둘은 얕게 갈라지고, 하나는 기부까지 갈라진다.

종령

번데기

성충

성충 표본

N-3 국명 없음 *Platyptilia farfarellus*

먹이식물 붉은서나물(*Erechtites hieracifolia*), 주홍서나물(*Crassocephalum crepidioides*)

유충시기 9~10월
유충길이 7mm
우화시기 9~10월
날개길이 17~19mm
채집장소 가평 축령산
　　　　　밀양 신불산

머리와 앞가슴등판, 항문판은 검은색이고 배는 미색이다. 다 자라면 가슴과 배는 노란색으로 변한다. 서나물류 줄기가 부풀어 있고 그 옆으로 검은 똥이 나와 있는 것을 잘라 보면 유충이 있다. 잎이 붙은 옆 줄기 속에 굴을 파고 산다. 굴은 그다지 깊지 않다. 살던 곳에서 번데기가 되어 1주일 정도 지나면 우화한다. 성충 앞날개 전연에서 2/3 되는 지점에 삼각무늬가 있고 날개 끝에도 흑갈색 띠무늬가 있다. 뒷날개 3째 날개 후연 가운데는 검은색이다.

유충이 든 잎 모양

종령

노숙 유충

번데기

성충

성충 표본

O-1-1-1 벚나무모시나방 *Elcysma westwoodi*

먹이식물 벚나무(*Prunus serrulata* var. *spontanea*), 야광나무(*Malus baccata*)

유충시기	5월
유충길이	17mm
우화시기	9월
날개길이	57~62mm
채집장소	인제 방태산
	가평 명지산

몸은 누런색이고 여기에 검은 줄무늬가 3개 있고, 몸 옆에 길고 두꺼운 검은 털이 있다. 알락나방이 그렇듯이 한 나무에 많이 발생하기도 하고, 이럴 경우에는 잎을 먹는 양이 많아 나무에 잎이 남아나질 않는다. 잎을 약간 잡아당겨 흰 와스 같은 것을 뽑아 붙이고 그 속에 아주 질긴 연갈색 고치를 만들고 번데기가 된다. 흰색이어서 눈에 잘 띈다. 성충 날개는 모두 넓고 크며 투명해 시맥이 드러난다. 유충은 환경이 바뀌면 잘 먹지 않아 키우기 힘들다.

종령

고치

성충

성충 표본

O-1-1-2 **흰띠알락나방** *Pidorus glaucopis*

먹이식물 사스레피나무(*Eurya japonica*)

유충시기 5월
유충길이 23mm
우화시기 6월
날개길이 45~52mm
채집장소 완도 청산도
　　　　 제주도 이승악

몸은 노란색이다. 배 윗면에는 검은 사각 띠무늬가 둘려 있고, 배 윗면 가운데에는 굵은 회색 줄무늬가 있다. 잎을 잡아당겨 양피지처럼 질긴 고치를 만들고 번데기가 되어 2주 정도 지나면 우화한다. 성충 앞날개는 검은색이고 앞날개에는 흰 사선이 있으며, 뒷날개는 검은색이다. 뒷날개에 흰 무늬가 있는 것은 뒤흰띠알락나방이다.

종령

잎을 붙인 고치　　　성충　　　성충 표본

O-1-2 사과알락나방 *Illiberis pruni*

먹이식물 야광나무(*Malus baccata*)

유충시기 **5월**
유충길이 **15mm**
우화시기 **6월**
날개길이 **24~28mm**
채집장소 **가평 명지산**

몸은 미색이고 마디마다 양쪽에 검은 점무늬가 있다. 주맥을 중심으로 잎을 반 접어 풍선처럼 만들고 그 속에서 바깥 표피층을 남기고 먹는다. 먹힌 잎은 갈색으로 변한다. 잎을 잡아당긴 다음 그 속에 둥글게 흰 막을 치고 방추형 고치를 만든다. 그 고치에는 흰 가루가 붙어 있다. 잎을 붙이고 2주 정도 지나면 우화한다. 성충 날개는 반투명하고, 앞날개 전연, 후연과 뒷날개 전연에 검은 비늘이 있다.

잎을 붙인 모양

종령

고치

성충: 짝짓기

성충 표본

O-2-1 장수쐐기나방 *Latoia consocia*

먹이식물 팽나무(*Celtis sinensis*)

유충시기 9~10월
유충길이 25mm
우화시기 이듬해 5월
날개길이 31mm
채집장소 청송 주왕산

몸은 노란색이고, 배 8째마디의 양쪽, 9째마디에 검고 둥근 무늬가 2개 있으며, 배 윗면 가운데에는 파란색 줄무늬가 있다. 가시처럼 난돌기는 억세다. 잎 사이에 딱딱한 공 같은 흑갈색 고치를 만들고 그 속에서 번데기가 된다. 성충은 검은푸른쐐기나방과 비슷하지만, 앞날개 가장자리에 있는 갈색 무늬가 들쑥날쑥하지 않은 것으로 구별할 수 있다.

종령

성충

성충 표본

O-2-2 국명 없음 *Naryciodes posticalis*

먹이식물 고로쇠나무(*Acer mono*), 단풍나무(*Acer palmatum*)

유충시기 5~6월
유충길이 9~12mm
우화시기 8월
날개길이 17~22mm
채집장소 가평 용추계곡
양평 용문산

몸은 타원형에 미색이며, 머리와 가까운 부분은 꽃분홍색이다. 잎 위에서 먹기 때문에 눈에 잘 띄는 편이다. 특히 고로쇠나무에 많다. 잎 사이에 질기고 검은 막을 치고 그 속에 고치를 만들고 유충으로 지내다가 8월에 번데기가 되어 우화한다. 성충 앞날개는 날개 끝에서 후연 가운데 안쪽까지는 짙은 흑갈색이고 그 바깥쪽은 연갈색이다. 암수의 크기 차가 크다.

종령

고치

성충

성충 표본

O-2-3 참쐐기나방 *Rhamnosa angulata*

먹이식물 확인 못함(Unconfirmed)

유충시기 10월
유충길이 측정 못함
우화시기 이듬해 5월
날개길이 29mm
채집장소 확인 못함(Unconfirmed)

몸은 녹색이고 흰 털이 많으며, 몸 가운데 리본 같은 돌기가 한 쌍 있다. 아는 분이 길에서 주웠다면서 고치를 주었기에 생활사는 모른다. 성충 앞날개는 갈색이고 여기에 짙은 갈색 사선이 2줄 있다. 안쪽 사선은 후연에서 중간까지 있고 바깥쪽 사선은 전연까지 있다.

종령

고치와 허물

성충

성충 표본

P-1 작은민갈고리나방 *Auzata superba*

먹이식물 층층나무(*Cornus controversa*)

유충시기 5~6월
유충길이 20mm
우화시기 6월
날개길이 28~35mm
채집장소 평창 오대산

몸은 연두색이고 여기에 몸 전체를 한 줄로 관통하는 줄무늬가 있고 각 마디도 흰 줄무늬 같아서 마치 체크무늬처럼 보인다. 몸에는 짧고 흰 털이 많다. 머리에는 적갈색 돌기가 한 쌍 있다. 잎을 세로로 길게 접어 붙이고 그 속에 숨어서 잎을 먹는다. 잎을 붙이고 번데기가 되어 6일이 지나면 우화한다. 성충 날개는 모두 흰색이고, 앞날개 외횡선에는 커다란 황갈색 무늬가 있다.

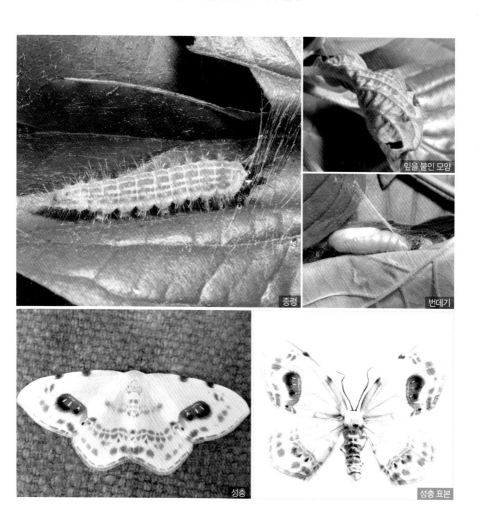

잎을 붙인 모양

종령

번데기

성충

성충 표본

P-2 동해갈고리나방 *Oreta sambongsana*

먹이식물 백당나무(*Viburnum sargentii*)

유충시기	5월
유충길이	25mm
우화시기	5월
날개길이	34mm
채집장소	평창 선자령

몸은 짙은 회색이고 양쪽에 반원처럼 생긴 검은 띠무늬가 있다. 반원 아래 배 쪽은 흰색이다. 잎 위에서 잎을 먹는 종령을 채집했다. 잎을 말아 붙이고 번데기가 되어 10일이 지나면 우화한다. 성충 앞날개 후연의 끝에 노란 띠무늬가 있고, 그 속에 검은 점무늬가 있는 것을 근거로 동정했다. 하지만 멋쟁이갈고리나방과 생김새가 아주 비슷해 생식기 검경이 필요하다.

종령

성충

성충 표본

Q-1-1 얇은날개겨울자나방 *Inurois fumosa*

먹이식물 졸참나무(*Quercus serrata*)

유충시기 **5월**
유충길이 **20mm**
우화시기 **12월**
날개길이 **26mm**
채집장소 **가평 용추계곡**

4령 머리는 다갈색이고, 앞가슴은 검은색이며 여기에 검은 점무늬가 있다. 가슴과 배는 검은색 바탕에 흰 줄무늬가 있어 짙은 회색으로 보인다. 종령이 되면 가슴과 배의 바탕색이 약간 옅어져 흰 줄무늬가 더 두드러진다. 어린 잎 뒷면에서 숨어 지낸다. 성충 앞날개는 엷은 황갈색이고 갈색 점선이 있다. 횡맥무늬는 뚜렷하지 않고, 외횡선은 전연에서 조금 떨어진 곳에서 바깥쪽으로 약간 꺾이다가 외연과 평행하며 후연에 닿는다.

종령

4령

성충

성충 표본

Q-1-2 검은점겨울자나방 *Inurois punctigera*

먹이식물 단풍나무(*Acer palmatum*), 물푸레나무(*Fraxinus rhynchophylla*), 신갈나무(*Quercus mongolica*) 따위 여러 활엽수

유충시기 4~5월
유충길이 20mm
우화시기 12월
날개길이 24mm
채집장소 하남 검단산

머리는 살구색이고, 가슴과 배는 흑자색이며 여기에 세로로 가느다란 흰 선이 희미하게 있다. 어린 잎 뒤에 붙어서 잎을 먹는다. 흙 속에 고치를 만들고 번데기가 되어 겨울에 우화한다. 성충 날개는 하늘하늘하고, 앞날개 중실 끝에 검은 점무늬가 있다. 외횡선은 전연 가까운 곳(M1)에서 안쪽으로 많이 꺾이고, 안쪽은 색이 짙다. 암컷은 날개가 없다.

종령

흙 속 고치

성충

성충 표본

Q-2-1 흰줄무늬애기푸른자나방 *Chlorissa anadema*

먹이식물 싸리(*Lespedeza bicolor*)

유충시기 **8월**
유충길이 **20mm**
우화시기 **9월**
날개길이 **18.5mm**
채집장소 **남양주 천마산**

머리에 작은 뿔 같은 것이 한 쌍 솟아 있고, 앞가슴에도 작은 뿔이 한 쌍 있다. 가슴과 배는 연두색이고 여기에 미세한 털이 나 있다. 방해를 받으면 몸을 좌우로 이리저리 흔든다. 잎을 붙이고 번데기가 되어 10일이 지나면 우화한다. 성충 날개는 모두 짙은 녹색이고 내횡선, 외횡선은 흰색이며, 외횡선 안쪽은 연한 갈색으로 둘려 있다.

종령 윗면

종령 옆면

성충

성충 표본

Q-2-2 애기푸른자나방　*Chlorissa obliterata*

먹이식물 쑥(*Artemisia princeps*)

유충시기 8월, 9월
유충길이 23~25mm
우화시기 8월, 이듬해 4월
날개길이 18~22mm
채집장소 가평 축령산
　　　　대구 팔공산

머리에는 붉은 삼각뿔이 한 쌍 솟아 있다. 가슴과 배는 연두색이고 짧고 흰 털로 덮여 있으며, 배 윗면 마디마다 가운데에 붉은 점무늬가 있다. 흙 속에 들어가 번데기가 된다. 성충 날개는 모두 녹색이고 전연은 갈색이며, 내횡선, 외횡선, 연모는 흰색이다. 외횡선은 직선에 가깝고 다른 종에 비해 약간 굵은 편이다. 성충의 배 4~6째마디 윗면은 붉은색이고 3, 4째마디 가운데에는 털 다발이 있다.

종령

성충

성충 표본

Q-2-3 **줄물결푸른자나방** *Hemistola tenuilinea*

먹이식물 확인 못함(Unconfirmed)

유충시기 **6월**
유충길이 **20mm**
우화시기 **6월**
날개길이 **26mm**
채집장소 **가평 명지산**

머리는 갈색이고 앞가슴에 삼각뿔 돌기가 한 쌍 있고, 배 윗면 중간에 붉은 줄무늬가 있다. 나리류 잎에 실을 여러 가닥 치고 번데기가 되려는 것을 채집했기에 먹이식물과 생활사는 모른다. 번데기가 되고서 12일이 지나면 우화한다. 성충 앞뒤날개에 있는 미색 횡선들은 톱니 모양 같이 굴곡이 심하다. 각 날개 횡맥에는 미색으로 둘린 작은 녹색 점무늬가 있다. 일본에서는 참나무류가 숙주라고 한다.

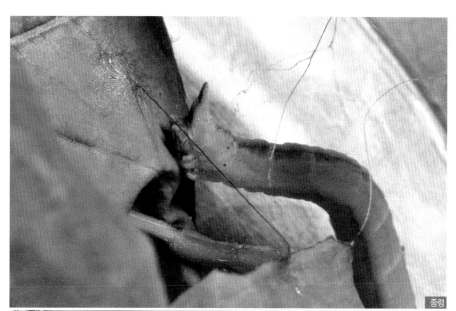

종령

성충

성충 표본

Q-2-4 붉은줄푸른자나방 *Neohipparchus vallata*

먹이식물 밤나무(*Castanea crenata*)

유충시기 4월, 8월
유충길이 17~25mm
우화시기 5월, 9월
날개길이 23~28mm
채집장소 서울 상일동근린공원

중령 몸은 엷은 갈색으로, 먹고 남긴 잎 가장자리가 시들었을 때 색과 비슷해 눈에 잘 띄지 않는다. 종령이 되면 몸은 백록색이 되고 갈색 무늬가 두드러진다. 몸에는 가는 털이 빽빽하게 나 있고, 배 윗면 1, 2, 5째마디에는 가시 같은 돌기가 한 쌍씩 있다. 잎을 붙이고 번데기가 되어 봄형은 10일, 가을형은 8일이 지나면 우화한다. 뒷날개 내연 끝에 검은 털이 있다. 내횡선 바깥쪽과 외횡선 안쪽에 가는 흰 줄무늬가 있다.

종령

중령　　　　성충　　　　성충 표본

Q-3-1 네눈애기자나방 *Cyclophora albipunctata*

먹이식물 물박달나무(*Betula davurica*)

유충시기 7월, 9월
유충길이 20mm
우화시기 7월, 이듬해 1월
날개길이 22~25mm
채집장소 가평 칼봉산
　　　　　남양주 축령산

여름형, 가을형 유충과 번데기의 색이 다르다. 여름형 4령 머리는 다홍색이고, 가슴과 배는 녹황색을 띠다가 5령이 되면 가슴과 배는 녹색으로 변한다. 번데기도 녹색이다. 가을형 4령, 5령의 몸은 적갈색이고 가슴과 배 윗면 양쪽에 가늘고 구불구불한 노란 줄무늬가 있다. 번데기는 미색이다. 유충은 주로 몸을 둥글게 하고 잎 위에 붙어 있고, 잎 여기저기에 구멍을 내며 먹는다. 번데기 머리 양쪽에는 뿔 같은 돌기가 약간 솟아 있다. 여름형은 번데기가 된 지 6일이 지나면 우화한다. 성충 앞뒤날개의 횡맥에는 가락지처럼 생긴 자주색 무늬가 뚜렷하고, 외횡선은 각 맥 위에 점무늬로 나타난다.

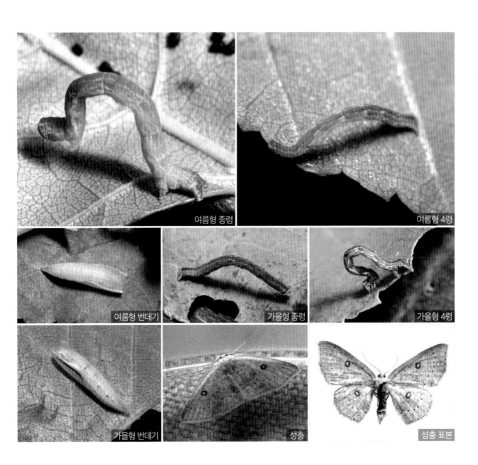

여름형 종령 ・ 여름형 4령 ・ 여름형 번데기 ・ 가을형 종령 ・ 가을형 4령 ・ 가을형 번데기 ・ 성충 ・ 성충 표본

Q-3-2 분홍애기자나방 *Idaea muricata*

먹이식물 시든 쥐손이풀(*Geranium sibiricum*)

유충시기 **7월**
유충길이 **20mm**
우화시기 **8월**
날개길이 **16mm**
채집장소 **가평 명지산**

몸은 가늘고 길며, 회갈색에 흑갈색 무늬가 마디마다 점점이 있다. 시든 쥐손이풀 잎을 먹고, 시든 잎을 붙여 그 속에서 번데기가 되어 9일이 지나면 우화한다. 성충 날개는 모두 짙은 노란색이고 전연과 내횡선은 꽃분홍색이다. 외횡선은 짙은 적자색이지만 그 부위는 꽃분홍색이다.

종령

성충

성충 표본

Q-3-3 네눈은빛애기자나방   *Problepsis diazoma*

먹이식물 물푸레나무(*Fraxinus rhynchophylla*)

유충시기 7월
유충길이 55mm
우화시기 8월
날개길이 37mm
채집장소 가평 명지산

몸은 길고 갈색이다. 머리는 약간 솟아 있고 가슴은 홀쭉하다. 흙 속에 들어가 고치를 만들고 번데기가 되어 12일이 지나면 우화한다. 성충과 생김새가 비슷한 다른 종이 많다. 앞뒤날개의 회갈색 외횡선이 뚜렷한 것을 근거로 동정한다.

종령

종령

성충

성충 표본

Q-3-4 **국명 없음** *Scopula asthena*

먹이식물 참나무의 이끼(Mosses)

유충시기 7월, 2~4월
유충길이 18~23mm
우화시기 8월, 4월
날개길이 18~20mm
채집장소 포천 광릉수목원

몸은 아주 가늘고 검은색과 녹색이 섞인 색을 띠어서 이끼 속에 있으면 알아보기 어렵다. 방해를 받으면 가만있거나 사시나무 떨듯이 떤다. 이끼를 붙여 흰 고치를 만들고 번데기가 되어 13일이 지나면 우화한다. 2월에도 유충이 보인 것으로 짐작컨대 유충 상태로 겨울을 나는 것 같다. 성충 날개는 모두 흰색이고, 횡선들에는 엷은 황갈색 톱니무늬가 있다. 앞날개에는 중횡선에, 뒷날개에는 중횡선 안쪽에 검은 점무늬가 1개씩 있다. 모양이 유사한 종이 많아 재동정이 필요하다.

종령

참나무 이끼 속 유충

성충

성충 표본

Q-4-1 쌍무늬물결자나방 *Catarhoe obscura*

먹이식물 계요등(*Paederia scandens*)

유충시기 8월
유충길이 33mm
우화시기 8~9월
날개길이 22~23mm
채집장소 밀양 재약산

몸은 약간 납작한 편이며 4령 몸은 흑갈색이다. 종령이 되면 배 5, 6째 마디에 있는 꺾쇠무늬가 엷은 회갈색을 띠며 뚜렷해진다. 흙 속에 고치를 만들고 번데기가 되어 11일이 지나면 우화한다. 성충 앞날개 내횡선 안쪽과 외횡선 바깥에는 흑갈색 줄무늬가 있고, 내횡선과 외횡선 사이에는 전연 부위를 제외하고 황갈색 바탕에 흑갈색 줄무늬가 있다.

종령

4령

성충

성충 표본

Q-4-2 멋진노랑물결자나방   *Eulithis convergenata*

먹이식물 까치박달(*Carpinus cordata*), 서어나무(*Carpinus laxiflora*)

유충시기 **5~6월**
유충길이 **30mm**
우화시기 **6월**
날개길이 **25~32mm**
채집장소 **평창 오대산**
양평 용문산

머리는 살구색이고 가슴과 배는 백록색으로 아주 가늘다. 어릴 때와 종령일 때 생김새 차이는 거의 없지만, 종령이 되면 배 아랫면 중앙선이 붉은색으로 변하는 개체도 있다. 잎을 붙이고 그 속에서 번데기가 되어 10일이 지나면 우화한다. 성충 앞날개는 미색 바탕에 등고선 같은 연한 갈색 줄무늬가 있다.

종령

배 아랫면이 붉게 변한 개체

성충

성충 표본

Q-4-3 이른봄애기물결자나방 *Eupithecia clavifera*

먹이식물 까치박달(*Carpinus cordata*), 서어나무(*Carpinus laxiflora*)

유충시기 5월
유충길이 18mm
우화시기 이듬해 3월
날개길이 18mm
채집장소 포천 광릉수목원
　　　　　가평 명지산

머리, 가슴, 배가 모두 연한 회색이 도는 노란색이다. 광식성으로 개체수가 꽤 많고, 흙 속에 들어가 번데기가 되어 이듬해 봄에 우화한다. 성충의 앞뒤날개 색은 희미한 흑갈색이고 전연은 색이 조금 더 짙다. 횡맥무늬는 또렷하고 날개 끝은 뾰족한 편이며 연모는 길다.

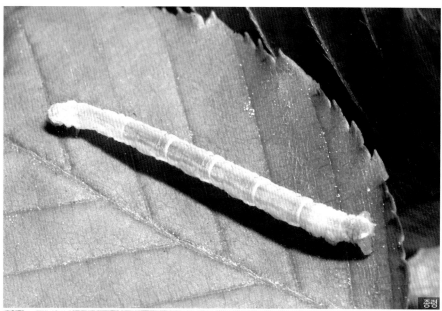

종령

성충

성충 표본

Q-4-4 삼각무늬애기물결자나방 *Eupithecia signigera*

먹이식물 신갈나무(*Quercus mongolica*)

유충시기 5월
유충길이 25mm
우화시기 이듬해 2월
날개길이 21mm
채집장소 속초 외설악

머리는 주황색이고 가슴과 배는 엷은 황토색 바탕에 붉은 줄무늬가 있다. 흙 속에 들어가 번데기가 되어 이듬해 이른 봄에 우화한다. 성충 날개에는 모두 엷은 황갈색과 갈색이 섞여 있다. 앞날개 전연 중간에서 횡맥무늬까지 흑갈색 삼각무늬가 있고, 횡맥무늬는 크다. 뒷날개 중실은 희고 그 아래부터 내연까지는 색이 짙다.

종령

성충

성충 표본

Q-4-5 톱날물결자나방 *Eustroma melancholicum*

먹이식물 다래(*Actinidia arguta*)

유충시기 6~7월
유충길이 40mm
우화시기 7~8월
날개길이 29~30mm
채집장소 가평 연인산

몸 색깔은 황갈색, 녹청색 따위로 변이가 있다. 가슴 1, 2째마디 사이에는 눈알무늬가 있으며 방해를 받으면 가슴을 웅크려 이 무늬가 도드라지게 하기도 하고, 몸을 둥글게 말기도 한다. 보통 머리를 아래로하고 축 처진 자세로 잎에 붙어 있다. 잎을 붙이고 그 속에서 번데기가 되어 보름에서 1달 사이에 우화한다. 성충은 큰톱날물결자나방과 생김새가 비슷하고, 중횡선이 중간쯤에서 외횡선 쪽으로 날카롭게 튀어나온 것으로 구별한다.

종령

윗면

성충

성충 표본

Q-4-6 회색물결자나방 *Gandaritis agnes*

먹이식물 개다래(*Actinidia polygama*)

유충시기 5월
유충길이 40mm
우화시기 6월
날개길이 50mm
채집장소 인제 내설악

몸은 적갈색이고, 배 윗면 4, 5째마디에는 쌍봉낙타 혹처럼 생긴 돌기가 한 쌍 솟아 있다. 가슴을 웅크리면 머리와 가슴 부분이 마치 눈에 가리개를 한 말의 얼굴처럼 보인다. 잎을 붙이고 번데기가 되어 보름이 지나면 우화한다. 성충 앞뒤날개에 있는 무늬는 마치 물결이 퍼져 나가는 것 같다.

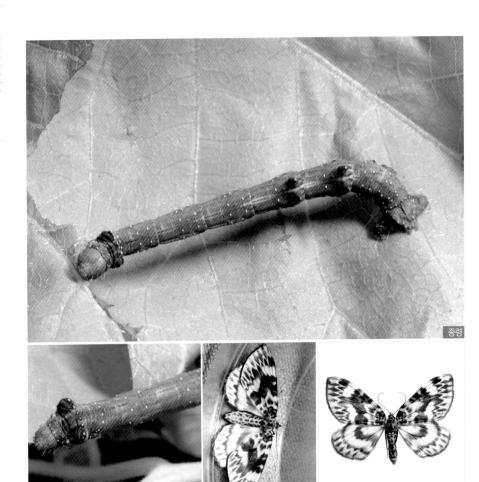

종령

가슴을 웅크린 모습

성충

성충 표본

Q-4-7 뒷노랑흰물결자나방 *Gandaritis whitelyi*

먹이식물 다래(*Actinidia arguta*)

유충시기 **5월**
유충길이 **33mm**
우화시기 **5월**
날개길이 **31mm**
채집장소 **서울 우이령**

중령 머리는 노랗고 가슴과 배는 연두색이지만 붉은색을 띠는 개체도 있다. 종령이 되면 배 윗면에 가늘고 노란 줄무늬, 양쪽에 흰 줄무늬가 생긴다. 이른 봄, 다래나무에 많이 발생한다. 노란 그물망 같은 고치를 만들고 백록색 번데기가 되어 10일이 지나면 우화한다. 성충 앞날개와 뒷날개는 흰색 바탕에 검은 줄무늬가 줄지어 있고, 앞날개 외연 중간과 뒷날개 외연부는 주황색을 띤다.

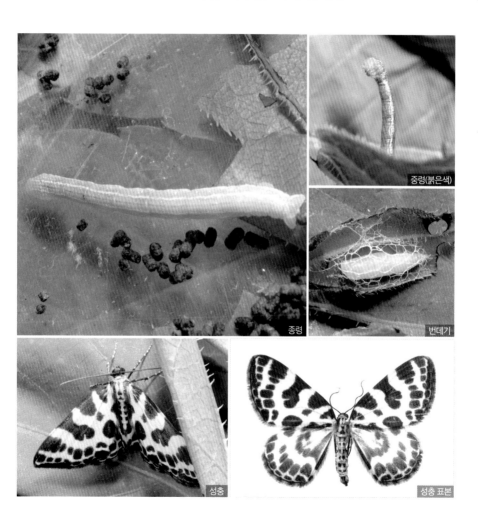

중령(붉은색)

종령

번데기

성충

성충 표본

Q-4-8 줄점물결자나방 *diotephria debilitata*

먹이식물 신갈나무(*Quercus mongolica*)

유충시기 **5월**
유충길이 **20mm**
우화시기 **이듬해 2월**
날개길이 **29mm**
채집장소 **서울 상일동근린공원
하남 검단산**

가슴과 배 윗면은 엷은 회색이고 양쪽에 반원처럼 생긴 검은 무늬가 마디마다 있다. 가슴과 배 아랫면은 노란색이다. 다 자라면 흙 속에 들어가 번데기가 되어 이른 봄에 우화한다. 성충 앞날개는 엷은 적갈색이고, 앞뒤날개의 외횡선은 모두 점선이다.

종령

종령   성충   성충 표본

216

Q-4-9 토막무늬물결자나방 *Laciniodes unistirpis*

먹이식물 향유(*Elsholtzia ciliata*)

유충시기 9월
유충길이 25mm
우화시기 이듬해 4월
날개길이 22~25mm
채집장소 남양주 천마산

4령 몸은 미색이나, 종령이 되면 흑갈색으로 변하고 마디마다 작은 꽃무늬가 생긴다. 방해를 받으면 몸을 둥글게 만다. 흙 속에 들어가 고치를 만들고 번데기가 된다. 성충 앞날개 전연 기부에서 1/3 되는 지점까지 검은 띠무늬가 있고, 아외연선 앞쪽에도 반쯤 검은 띠무늬가 있다.

종령

4령

종령 옆면

성충

성충 표본

Q-4-10 흰무늬물결자나방 *Melanthia procellata*

먹이식물 사위질빵(*Clematis apiifolia*)

유충시기 **6월**
유충길이 **38mm**
우화시기 **8월**
날개길이 **30mm**
채집장소 **가평 석룡산**

4령 몸은 검은색, 연한 갈색, 짙은 갈색이 섞여 모자이크를 이룬다. 종령이 되면 몸 색은 엷어져 황토색과 갈색이 모자이크를 이룬다. 배 6째마디부터 끝은 연한 황토색이다. 사육한 개체는 오아시스를 뜯어 붙이고 번데기가 되어 1달이 지나면 우화한다. 성충 앞날개의 외횡선 안쪽은 검은 물결무늬와 기부, 전연의 사각무늬를 제외하고 흰색이다. 아외연선과 외연선 중앙에도 흰 무늬가 있다. 색과 무늬에 변이가 많다.

종령

4령

성충

성충 표본

Q-4-11 속흰애기물결자나방 *Pareupithecia spadix*

먹이식물 광대싸리(*Securinega suffruticosa*)

유충시기 **8월**
유충길이 **25mm**
우화시기 **9월**
날개길이 **19~21mm**
채집장소 **가평 축령산**
　　　　 남양주 운길산

머리는 가슴 속으로 조금 들어가 있고 연한 연두색이며 가슴과 배는 투명하면서 짙은 녹색이다. 주로 잎 가장자리에 붙어 있어 잘 눈에 띄지 않는다. 잎을 붙이고 번데기가 되어 12일이면 우화한다. 날개는 보랏빛이 도는 검은색이나 황갈색 따위로 색 변이가 있지만, 공통으로 앞날개 외연 가운데에 흰 점무늬가 있고 날개 뒷면은 흰색에 가깝다. 어떤 책에는 숙주가 싸리라고 나오지만 사육한 개체는 싸리를 먹지 않았다. 싸리와 광대싸리는 서로 과(科)가 다르다.

종령

종령　　성충　　성충 표본

Q-4-12 흰줄물결자나방 *Xanthorhoe biriviata*

먹이식물 노랑물봉선(*Impatiens noli-tangere*)

유충시기 7~8월
유충길이 18mm
우화시기 8~9월
날개길이 20~24mm
채집장소 가평 용수동
　　　　　정선 가리왕산

4령 머리는 살구색이고 가슴과 배는 회색빛이 도는 우유색이다. 종령이 되면 색이 다른 2가지 유형으로 나뉜다. 몸은 회백색이고 배 윗면 가운데에 검은 점무늬가 있는 회백색형과 몸은 검은색이고 마디마다 흰 무늬로 둘린 검은 점무늬가 있는 검은색형이 있다. 성충 앞날개의 내횡선과 외횡선 사이는 흑갈색이고, 엷은 갈색 띠무늬가 있는 외횡선이 뒷날개까지 이어진다. 날개 색에 변이가 있다.

회백색형 종령

4령

검은색형 종령

성충

성충 표본

Q-5-1 큰뾰족가지나방 *Acrodontis fumosa*

먹이식물 고추나무(*Staphylea bumalda*)

유충시기	5~6월
유충길이	50~55mm
우화시기	10월
날개길이	50mm
채집장소	가평 석룡산
	가평 명지산

머리는 검은색이고 가슴과 배에는 흰색과 검은색 줄무늬가 있으며, 기문 근처는 모두 짙은 노란색이다. 뾰족가지나방 유충과 비슷하지만 가슴에만 기문 부위가 노란 것으로 구별할 수 있다. 더 자라면 노란색이 엷어진다. 여러 마리가 함께 살고 방해를 받으면 모두 상당히 질긴 실을 타고 내려온다. 많이 발생한 경우에는 고추나무 잎이 남아나지 않는다. 흙 속에 들어가 번데기가 되어 가을에 우화한다. 성충 앞날개는 끝만 뾰족하게 튀어나와 있다. 날개 색이 다갈색이어서 낙엽과 섞이면 알아보기 어렵다.

종령

종령　　성충　　성충 표본

Q-5-2 흰무늬겨울가지나방 *Agriopis dira*

먹이식물 신갈나무(*Quercus mongolica*)

유충시기 5월
유충길이 20mm
우화시기 이듬해 1~2월
날개길이 수컷 25~31mm,
　　　　　 암컷 2.5mm (한쪽 날개)
채집장소 서울 길동생태공원
　　　　　 하남 검단산

백록색형과 갈색띠무늬형으로 나뉜다. 백록색형은 머리는 미색이고 가슴과 배 윗면 양쪽에 굵고 흰 줄무늬가 있고 그 사이에 가는 줄무늬가 있다. 갈색띠무늬형은 머리와 앞가슴등판은 검은색이고, 가슴과 배의 줄무늬는 백록색형과 같으나 마디마다 흑갈색 띠무늬가 있다. 잎 여기저기에 구멍을 내며 먹는다. 흙 속에 들어가 고치를 만들고 번데기가 되어 한겨울에 우화한다. 성충 수컷 날개는 모두 아주 하늘하늘하고, 앞날개 외횡선은 굴곡이 심하며 아외연선은 흰색이다. 암컷은 날개가 퇴화해 한쪽 길이가 2.5mm이고 몸길이는 10mm이다.

갈색띠무늬형 종령

백록색형 종령

성충 수컷

성충 암컷

성충 수컷 표본

Q-5-3 자작나무가지나방 *Angerona nigrisparsa*

먹이식물 진범(*Aconitum pseudo-laeve* var. *erectum*)

유충시기	7~8월
유충길이	42mm
우화시기	8월
날개길이	23mm
채집장소	가평 석룡산

오얏나무가지나방 유충과 생김새가 아주 비슷하지만, 오얏나무가지나방 유충은 배 끝에 검은 점이 많아 구별할 수 있다. 광식성으로 잎 여기저기에 구멍을 내면서 먹으며, 잎을 붙이고 그 속에서 번데기가 된다. 성충도 오얏나무가지나방과 비슷하지만, 오얏나무가지나방은 노란색 바탕에 짧고 검은 실선이 산재해 구별할 수 있다.

종령

4령

종령 옆면

성충

성충 표본

Q-5-4 외줄노랑가지나방 *Auaxa sulphurea*

먹이식물 찔레(*Rosa multiflora*)

유충시기 5월
유충길이 45mm
우화시기 6월
날개길이 34~36mm
채집장소 남양주 운길산

몸은 녹색이다. 배 1~4째마디 양옆에 가시 같은 적자색 돌기가 있고, 8째마디 위에도 가시 같은 돌기가 한 쌍 있어 줄기에 붙어 있으면 마치 찔레 가시처럼 보인다. 잎을 붙이고 번데기가 되어 23~24일이 지나면 우화한다. 성충 앞뒤날개의 외횡선 바깥은 갈색이고 안쪽은 노란색이다.

종령

잎 속 유충

번데기

성충

성충 표본

Q-5-5 세줄점가지나방 *Chiasmia hebesata*

먹이식물 싸리(*Lespedeza bicolor*)

유충시기 8월
유충길이 20mm
우화시기 9월
날개길이 21mm
채집장소 남양주 천마산

종령 머리는 녹색 바탕에 검은 무늬가 있고 가슴과 배도 녹색이다. 가슴과 배 윗면에 가늘고 흰 줄무늬가 있고, 배 2째마디 양쪽에는 검은 점무늬가 있다. 흙 속에 들어가 번데기가 되어 12일이 지나면 우화한다. 성충 앞날개는 갈색 횡선 3개가 뚜렷하고, 외횡선은 외연 쪽으로 튀어나왔다. 날개에는 선점이 산재한다.

종령

4령

성충

성충 표본

Q-5-6 흰점세줄가지나방 *Cleora leucophaea*

먹이식물 팽나무(*Celtis sinensis*)

유충시기 5월
유충길이 35mm
우화시기 이듬해 3월
날개길이 40mm
채집장소 제주도 동백마을

머리는 황갈색이고 가슴과 배는 녹색이다. 배 2, 3째마디 위에는 작고 검은 사각무늬가 있고 2째마디 양옆에는 작고 검붉은 돌기가 있다. 광식성이다. 성충 앞날개 외횡선에서 전연 쪽으로 흰 점무늬가 있다. 1년에 1회 발생한다.

* 실수로 날개가 완전히 굳기 전에 죽여서 표본이 제대로 되지 않았다.

종령

성충

성충 표본

Q-5-7 흰점갈색가지나방 *Colotois pennaria*

먹이식물 난티나무(*Ulmus laciniata*), 느릅나무(*Ulmus davidiana* var. *japonica*), 신갈나무(*Quercus mongolica*) 따위 여러 나무

유충시기 5월
유충길이 45mm
우화시기 11월
날개길이 41mm
채집장소 인제 내설악
        여수 영취산

몸은 황갈색이고 여기에 흰 줄무늬가 여럿 있으며 그 사이에 갈색 줄무늬들이 있다. 배 끝에 붉은 돌기가 한 쌍 있다. 기문 옆에는 작은 흰색과 검은색 무늬가 도드라진다. 흙 속에 들어가 고치를 만들고 번데기가 되어 가을에 우화한다. 성충 앞날개 끝 가까이에 작고 흰 점무늬가 있고, 외횡선과 내횡선은 거의 평행하며 뚜렷하다.

종령

종령 윗면

성충

성충 표본

Q-5-8 큰노랑애기가지나방　　*Corymica pryeri*

먹이식물 생강나무(*Lindera obtusiloba*)

유충시기 8월
유충길이 15mm
우화시기 이듬해 2월
날개길이 25~29mm
채집장소 가평 축령산
　　　　　하남 검단산

머리에는 팔(八)자처럼 생긴 검은 선이 있다. 가슴과 배는 녹색이고 배 양옆 마디마다 붉은 무늬가 있다. 잎 가장자리를 가슴다리로 붙잡고 있어 거의 잎으로 보이며 눈에 잘 띄지 않는다. 노숙 유충은 흑자색으로 변하고 기문 주위는 흰색이 된다. 잎 위에 갈색 막을 치고 번데기가 된다. 성충이 날개를 편 모습은 독특하다. 수컷 앞날개 기부에는 타원형으로 투명한 부분이 있다.

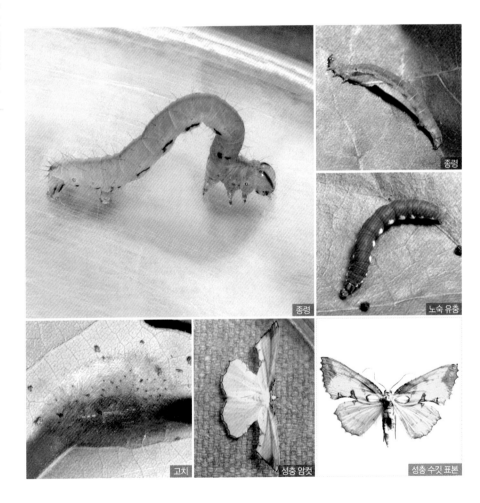

종령

종령

노숙 유충

고치

성충 암컷

성충 수컷 표본

Q-5-9 배얼룩가지나방 *Cusiala stipitaria*

먹이식물 광대싸리(*Securinega suffruticosa*), 싸리(*Lespedeza bicolor*)

유충시기 6월, 8월
유충길이 38~40mm
우화시기 7월, 이듬해 3월
날개길이 40~42mm
채집장소 가평 화악산
　　　　가평 축령산
　　　　남양주 천마산

4령 가슴과 배는 녹색이고 배 3, 8째마디 윗면 양쪽에 흑갈색 무늬가 있다. 종령이 되면 가슴과 배 윗면 중간에 검고 굵은 줄무늬가 나타나고, 그 옆으로 작은 무늬가 생기기도 한다. 색과 무늬에 변이가 있다. 광식성이고, 흙 속에 들어가 번데기가 되고 여름형은 보름 정도 지나면 우화한다. 앞뒤날개에는 회색과 갈색 점들이 있고, 검은색 물결무늬 횡선들이 있고, 배에는 얼룩덜룩한 무늬가 있다.

종령

4령

성충

성충 표본

Q-5-10 매화가지나방 *Cystidia couaggaria*

먹이식물 돌배나무(*Pyrus pyrifolia*)

유충시기 6월
유충길이 35mm
우화시기 6월
날개길이 36mm
채집장소 인제 방태산

머리는 검은색이고 여기에 흰 줄무늬가 있다. 가슴과 배는 흑청색 바탕에 작은 흰 무늬가 있으며, 마디마다 주황색 줄무늬가 있다. 방해를 받으면 몸을 둥글게 말기도 한다. 잎을 붙이고 그 속에서 번데기가 되어 12일이 지나면 우화한다. 성충이 날개를 편 모습은 잠자리와 비슷하다. 날개는 검은 바탕에 흰 무늬가 있고, 흰 무늬는 변이가 많다.

종령

번데기

성충

성충 표본

Q-5-11 귀무늬가지나방 *Eilicrinia wehrlii*

먹이식물 느릅나무(*Ulmus davidiana* var. *japonica*)

유충시기 6월
유충길이 35mm
우화시기 6월
날개길이 35.5~38mm
채집장소 가평 명지산

머리는 적갈색이고 가슴과 배는 갈색이며 배 1, 4째마디에 황갈색 무늬가 있다. 위협을 느끼면 몸을 둥글게 하고 머리를 처든다. 흙 속에 들어가 고치를 만들고 번데기가 되어 12일이 지나면 우화한다. 성충 앞뒤날개는 노란색이다. 앞날개 끝은 갈고리처럼 생겼으며 여기에 짙은 갈색 무늬가 있고, 횡맥에도 갈색 무늬가 있다.

종령

성충

성충 표본

Q-5-12 두줄짤룩가지나방 *Endropiodes indictinaria*

먹이식물 고로쇠나무(*Acer mono*), 복자기나무(*Acer triflorum*) 따위 단풍나무류

유충시기 6~7월, 8~9월
유충길이 35~38mm
우화시기 7월, 10월, 이듬해 2월
날개길이 25~28mm
채집장소 포천 광릉수목원
　　　　　남양주 천마산
　　　　　하남 검단산

4령 몸은 연두색이다. 종령이 되면 변화가 없는 것도 있고, 붉은색으로 변하거나 무늬가 생기기도 한다. 색과 무늬에 변이가 있다. 사육한 개체 중에서 무늬가 생긴 것은 모두 암컷이었지만 이것이 암수의 차이점인지는 모르겠다. 가을 늦게까지 보이며 잎을 붙이고 번데기가 된다. 9월에 본 개체 중에는 10월에 우화한 것도 있고 이듬해 2월에 우화한 것도 있다. 여러 곳에서 많이 보이며 1년에 2회 발생한다.

백록색형 종령

녹색형 종령

붉은색형 종령

4령

성충

성충 표본

Q-5-13 소뿔가지나방 *Ennomos autumnaria*

먹이식물 신갈나무(*Quercus mongolica*)

유충시기 **5~6월**
유충길이 **60mm**
우화시기 **6~7월**
날개길이 **40mm**
채집장소 **가평 명지산**
  남양주 천마산

중령 몸은 백록색이거나 녹청색 등으로 변이가 있다. 배 2, 5째마디 윗면에 노란 리본 같은 작은 돌기가 있고, 3, 8째마디 양옆에도 작은 돌기가 있다. 중령이 되면 몸은 갈색으로, 돌기는 흑갈색으로 변해 나뭇가지 같아 보이는 등 색상 변이가 있다. 광식성이고, 잎을 붙이고 그 속에서 번데기가 되어 16일이 지나면 우화한다. 성충 앞뒤날개의 외연은 구불구불하다. 횡선 옆에는 짙은 색깔 무늬가 있고, 이 무늬에는 변이가 있다.

종령

4령 성충 성충 표본

Q-5-14 **참나무겨울가지나방** *Erannis golda*

먹이식물 갈참나무(*Quercus aliena*), 단풍나무(*Acer palmatum*), 신갈나무(*Quercus mongolica*) 따위 여러 나무

유충시기 5월
유충길이 25~35mm
우화시기 11월
날개길이 34~38mm
채집장소 서울 길동생태공원
양평 용문산

머리는 주황색이고, 가슴과 배 윗면은 황갈색이거나 흑갈색이며 여기에는 가늘고 흰 선이 교차한다. 가슴과 배 아랫면은 흰색이고, 옆에 있는 줄무늬는 노란색이어서 눈에 잘 띈다. 방해를 받으면 가슴다리를 벌리고 가슴을 위로 들며 위협 자세를 취한다. 흙 속에 들어가 번데기가 되어 가을에 우화한다. 수컷 앞날개는 황갈색이고 외횡선은 뚜렷한 흑갈색이다. 암컷은 날개가 거의 없고 몸길이는 12㎜ 정도이다. 가슴과 배 마디마다 검은 사각무늬가 윗면에 2개 양옆에 1개씩 있다.

종령 윗면

종령

성충 암컷

성충 수컷

성충 수컷 표본

Q-5-15 갈고리가지나방 *Fascellina chromataria*

먹이식물 생강나무(*Lindera obtusiloba*)

유충시기 7월, 8~9월
유충길이 40mm
우화시기 7월, 11월, 이듬해 2월
날개길이 31mm, 35~36mm
채집장소 가평 축령산
　　　　 가평 용추계곡

배 3~5째마디에 밋밋한 돌기가 한 쌍씩 있고, 배 5째마디에는 갈색 무늬도 있다. 잎 가장자리에 붙어서 잎을 먹기 때문에 유충은 마치 잎 가장자리가 마른 것처럼 보인다. 잎을 붙이고 그 속에서 번데기가 된다. 사육한 개체는 11월과 2월에도 우화한 것으로 보아 온도에 따라 우화시기가 달라질 수도 있는 것 같다. 성충 앞날개 끝은 튀어나왔고, 뒷날개 외연 위쪽이 굴곡져 독특하게 보인다.

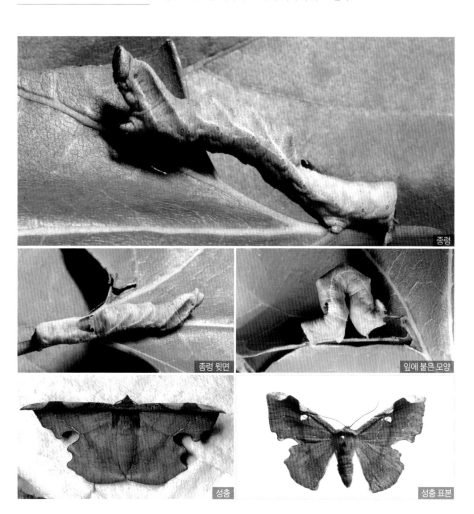

종령

종령 윗면

잎에 붙은 모양

성충

성충 표본

Q-5-16 줄점겨울가지나방 *Larerannis orthogrammaria*

먹이식물 물푸레나무(*Fraxinus rhynchophylla*)

유충시기 **6월**
유충길이 **23mm**
우화시기 **11월**
날개길이 **32mm**
채집장소 **평창 오대산**

참나무겨울가지나방 유충과 비슷하게 생겼다. 가슴과 배 아랫면이 갈색인 점을 근거로 그 부위가 흰색이고 기문 주위는 노란색인 참나무겨울가지나방 유충과 구별한다. 흙 속에 들어가 번데기가 되어 늦가을에 우화한다. 성충 앞뒤날개는 아주 하늘거리고 연한 회갈색이며 선점이 있다. 앞날개의 아외연선, 외횡선의 굴곡은 심하지 않고 직선에 가깝다.

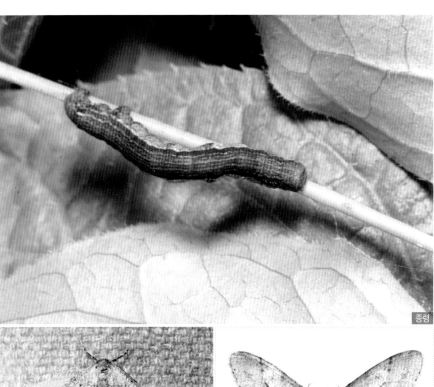
종령

성충

성충 표본

Q-5-17 흑점박이흰가지나방 *Lomographa temerata*

먹이식물 개벚나무(*Prunus leveilleana*)

유충시기 6~7월
유충길이 20mm
우화시기 6~7월
날개길이 23mm
채집장소 남양주 천마산

4령 몸은 녹색이고, 종령이 되면 머리에 갈색 무늬가 생기고, 가슴과 배 가운데에도 마디마다 둥근 금빛 무늬가 드러난다. 흙 속에 들어가 고치를 만들고 번데기가 되어 12일이 지나면 우화한다. 성충 앞뒤 날개는 흰 바탕에 회색 얼룩무늬가 있다. 개체에 따라 얼룩에 변이가 있다.

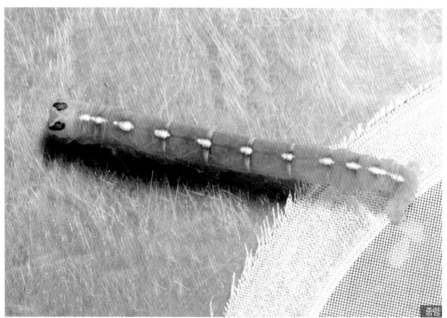
종령

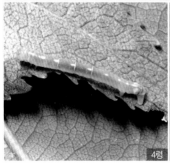
4령

성충

성충 표본

Q-5-18 다색띠큰가지나방 *Macaria liturata*

먹이식물 낙엽송(*Larix leptolepis*)

유충시기 9월
유충길이 22mm
우화시기 9월, 이듬해 2월
날개길이 24mm
채집장소 하남 검단산

머리는 적갈색 바탕에 무늬가 있고, 가슴과 배는 녹색 바탕에 흰 줄무늬가 있어 낙엽송에 붙어 있으면 찾기 어렵다. 흙 속에 들어가 번데기가 되고 9월 초 유충은 10일이 지나면 우화하고, 9월 말 유충은 이듬해 2월 말에 우화한다. 성충 앞날개 외횡선의 바깥에는 갈색 줄무늬가 있다. 날개 색에 변이가 있다. 1년에 2회 발생한다.

종령

성충

성충 표본

Q-5-19 차가지나방 *Megabiston plumosaria*

먹이식물 벚나무(*Prunus serrulata* var. *spontanea*), 참나무류(Oak trees)

유충시기 5월
유충길이 55~60mm
우화시기 10~11월
날개길이 36~39mm
채집장소 영암 월출산
　　　　 장흥 제암산

몸은 짙은 갈색이고 마디마다 흰 점선이 있다(어떤 것은 배 1, 4째마디에만 있다). 배 8째마디에는 작은 적갈색 돌기가 한 쌍 있다. 방해를 받으면 머리를 숙이고 몸을 둥글게 밀거나 가지처럼 만끔 구부리고서 가만있거나 한다. 가을에 우화한다. 성충 앞날개의 외횡선과 내횡선은 평행하다가 중간쯤에서 외횡선이 내횡선 쪽으로 크게 휜다.

종령

중령

성충

성충 표본

Q-5-20 **털겨울가지나방**　*Meichihuo cihuai*

먹이식물 개암나무(*Corylus heterophylla* var. *thunbergii*), 단풍나무(*Acer palmatum*),
　　　　신갈나무(*Quercus mongolica*)

유충시기 5월
유충길이 50mm
우화시기 이듬해 2월
날개길이 35mm
채집장소 하남 검단산

4령 머리는 검은 바탕에 노란 무늬가 어지러이 있다. 가슴과 배는 검은색 바탕에 흰 줄무늬가 있고, 기문 주위는 노란색이다. 배 끝에는 작은 주황색 돌기가 한 쌍 있다. 종령이 되면 몸 전체 바탕색은 보라색으로 변하고, 머리에 있는 노란 줄무늬가 더 많아진다. 방해를 받으면 몸을 똬리 틀 듯 꼰다. 흙 속에 고치를 만들고 번데기가 된다. 성충 몸에는 긴 털이 많다.

종령

4령 옆면

4령 윗면

방해를 받았을 때

흙 속에 있는 고치

성충

성충 표본

Q-5-21 구름가지나방 *Microcalicha seolagensis*

먹이식물 노박덩굴(*Celastrus orbiculatus*)

유충시기 7월
유충길이 30mm
우화시기 7월
날개길이 23mm
채집장소 가평 명지산

4령 가슴과 배 윗면은 짙은 회색 바탕에 검은 줄무늬가 있고 각 마디는 흰색이다. 종령이 되면 가슴과 배는 황갈색으로 변한다. 머리는 적갈색이고 배 끝에 작고 검은 돌기가 한 쌍 있다. 노숙하면 몸이 진흙색으로 변한다. 흙 속에 들어가 번데기가 되어 13일이 지나면 우화한다. 성충 앞날개의 외연 중간과 날개 끝에는 검은 부분이 있다. 뒷날개 외횡선, 중횡선 안쪽은 검다.

종령

4령

노숙 유충

성충

성충 표본

Q-5-22 보라애기가지나방 *Ninodes splendens*

먹이식물 풍게나무(*Celtis jessoensis*)

유충시기 **7월**
유충길이 **15mm**
우화시기 **7월**
날개길이 **17mm**
채집장소 **가평 어비계곡**

4령 머리는 검은색이고 가슴과 배는 녹색이며, 배 2, 5째마디 윗면에 검은 점무늬가 있다. 종령이 되면 몸은 녹갈색으로 변한다. 낙엽에 대강 실을 붙이고 번데기가 되어 1주일이 지나면 우화한다. 성충 앞뒤 날개는 바탕이 노란색이며 검은 무늬가 있다.

종령

4령

성충

성충 표본

Q-5-23 금빛겨울가지나방 *Nyssiodes lefuarius*

먹이식물 달맞이꽃(*Oenothera odorata*), 미국쑥부쟁이(*Aster pilosus*)

유충시기 5월
유충길이 35~40mm
우화시기 이듬해 2~3월
날개길이 25~28mm
채집장소 남양주 와부읍

머리는 연갈색 바탕에 무늬가 있고 가슴과 배 윗면에는 회색과 노란색 줄무늬가 있으며, 기문선은 노란색이다. 미국쑥부쟁이 근생엽을 주로 먹고 달맞이꽃도 먹지만 바로 옆에 핀 개망초는 먹지 않았다. 먹이식물이 양지식물이므로 주로 나대지에서 보인다. 잎에 세로로 길게 붙어서 잎을 먹으며 조금만 방해를 받아도 땅으로 뚝 떨어진다. 성충 수컷의 더듬이는 깃털처럼 생겼고 깃의 가지가 아주 길고 배에는 긴 털이 있다. 앞날개에 금빛 줄무늬가 사선으로 있다. 암컷은 날개가 없다. 유충은 여러 초본을 먹는다.

종령

종령 옆면

성충

성충 표본

잎을 먹은 모양

Q-5-24 굵은줄제비가지나방　　*Ourapteryx koreana*

먹이식물 고광나무(*Philadelphus schrenckii*)

유충시기	7월
유충길이	70mm
우화시기	8월
날개길이	47mm
채집장소	가평 석룡산

몸은 갈색이고 배 3째마디 양옆에 작은 돌기가 있고, 5째마디 윗면에도 돌기가 있다. 가슴을 약간 옆으로 꺾고 몸을 아래로 축 늘어뜨린다. 잎을 조각조각 잘라 길게 이어 붙이고 그 속에서 번데기가 되어 14일이 지나면 우화한다. 성충 날개는 모두 흰색이며, 짧고 옅은 갈색 줄무늬가 산재한다. 뒷날개 끝에는 검은색으로 테가 둘린 붉은 무늬와 작고 검은 무늬가 있다.

종령

종령 옆면

몸을 늘어뜨린 모습

성충

성충 표본

Q-5-25 뒷흰가지나방 *Pachyligia dolosa*

먹이식물 신갈나무(*Quercus mongolica*)

유충시기 5월
유충길이 40~45mm
우화시기 이듬해 2월
날개길이 45~46mm
채집장소 하남 검단산

머리는 백록색이고 가슴과 배에는 연두색 점무늬가 있다. 종령이 되면 몸 전체 색이 더 옅어진다. 기문은 주황색으로 눈에 띈다. 흙 속에 들어가 번데기가 되어 이듬해에 우화한다. 성충 뒷날개는 옅은 갈색이고 횡백무늬가 뚜렷하며, 내연 끝에는 비늘털이 꼬리처럼 약간 튀어나와 있다.

종령

종령 옆모습

성충

성충 표본

Q-5-26 북방겨울가지나방 *Phigalia viridularia*

먹이식물 버드나무(*Salix koreensis*), 신갈나무(*Quercus mongolica*)

유충시기 4~5월
유충길이 40mm
우화시기 이듬해 2월
날개길이 42mm
채집장소 하남 검단산

머리에 어지러운 줄무늬가 있다. 중령 몸은 검은색에 가까우나 종령이 되면 색이 옅어지면서 약간 붉은 갈색이 된다. 털받침은 검은 돌기처럼 솟아 있다. 성충 수컷의 더듬이는 깃털모양이다. 앞날개는 검은 편이고 뒷날개 외횡선에 있는 톱니무늬가 심하고 뚜렷하다.

종령

중령

성충

성충 표본

Q-5-27 이른봄긴날개가지나방 *Planociampa modesta*

먹이식물 신갈나무(*Quercus mongolica*)

유충시기 5월
유충길이 40mm
우화시기 이듬해 2월
날개길이 38mm
채집장소 양평 용문산

중령 머리는 미색이고 가슴과 배는 회백색이다. 가슴과 배 윗면 마디마다 가는 검은 줄무늬가 몇 개 있다. 종령이 되면 가슴과 배 아랫면은 옅은 연두색으로, 배 윗면에 있는 무늬는 옅은 흑자색으로 변한다. 성충 앞날개는 긴 편이고 짙은 회색이며, 외횡선과 내횡선에는 굴곡이 심하다.

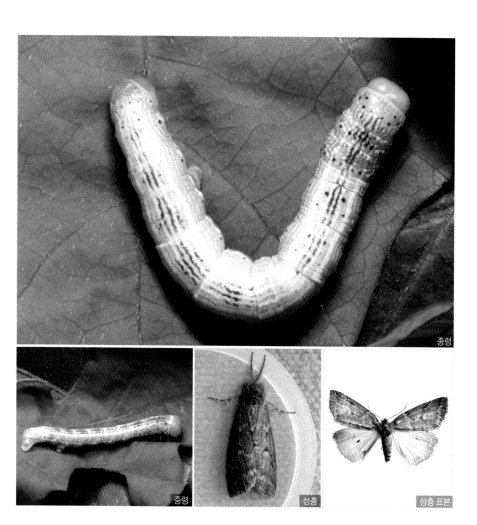

종령

중령

성충

성충 표본

Q-5-28 짤름무늬가지나방 *Proteostrenia falcicula*

먹이식물 회잎나무(*Euonymus alatus* for. *ciliato-dentatus*)

유충시기 **5월**
유충길이 **25mm**
우화시기 **6월**
날개길이 **30mm**
채집장소 **평창 오대산**

몸은 노란색 바탕에 중간 중간 끊긴 회갈색 굵은 줄무늬가 있다. 흙 속에 들어가 19일이 지나면 우화한다. 성충 앞날개 끝은 옆이 파여 있고, 선점이 산재하며 횡선들은 짙은 갈색으로 뚜렷하다.

종령

성충

성충 표본

Q-5-29 가을노랑가지나방 *Pseudepione magnaria*

먹이식물 노린재나무(*Symplocos chinensis* var. *leucocarpa* for. *pilosa*)

유충시기 5월
유충길이 20mm
우화시기 10월
날개길이 28mm
채집장소 제주도 동백마을

머리는 연한 갈색이고 가슴과 배 양쪽에 자갈색 줄무늬가 있으며, 마디마나 흑살색 사각무늬가 있다. 흙 속에 들어가 질기고 약간 납작한 타원형 고치를 만들고, 번데기가 되어 가을에 우화한다. 성충 날개는 모두 하늘거릴 정도로 얇고, 황갈색이다. 앞날개 외횡선은 뚜렷한 흑갈색이다.

종령

성충

성충 표본

Q-5-30 두줄가지나방 *Rikiosatoa grisea*

먹이식물 확인 못함(Unconfirmed)

유충시기 **5월**
유충길이 **28mm**
우화시기 **5월**
날개길이 **36mm**
채집장소 **남양주 예봉산**

머리와 앞가슴등판은 적갈색이고 배는 녹색이며 마디마다 가로로 주황색과 붉은색 줄무늬가 있다. 벚나무에서 노숙하는 개체를 채집했기에 정확한 형태와 먹이식물은 모른다. 일본에서는 먹이식물이 소나무라고 한다. 성충 앞날개 내횡선 안쪽과 외횡선 바깥쪽은 적갈색이고, 외횡선에서 2군데가 바깥으로 튀어나왔다.

종령

성충

성충 표본

Q-5-31 녹두빛가지나방 *Synegia limitatoides*

먹이식물 대팻집나무(*Ilex macropoda*)

유충시기	5월
유충길이	20mm
우화시기	6월
날개길이	22mm
채집장소	문경 문경새재

머리는 살구색이고 가슴과 배는 밋밋한 녹색이다. 흙 속에 들어가 번데기가 되어 23일이 지나면 우화한다. 성충 앞날개는 황토색이며 여기에 선점이 있고 아외연선과 외횡선은 굵다.

종령

성충

성충 표본

Q-5-32 점짤룩가지나방 *Xerodes albonotaria*

먹이식물 신갈나무(*Quercus mongolica*), 아까시나무(*Robinia pseudoacacia*), 조록싸리(*Lespedeza maximowiczii*)

유충시기 **7월**
유충길이 **35~45mm**
우화시기 **이듬해 3~4월**
날개길이 **33~42mm**
채집장소 **가평 명지산**
　　　　　서울 상일동근린공원

색과 무늬에 변이가 많다. 황갈색이거나, 몸은 회갈색이고 가슴과 배 윗면에 다이아몬드처럼 생긴 무늬가 있는 개체도 있다. 배 끝에 작은 돌기가 한 쌍 있다. 광식성이고, 흙 속에 들어가 번데기가 되어 이듬해 봄에 우화한다. 성충 날개 색에 변이가 많지만, 공통으로 앞날개 외횡선 바깥에서 중간쯤에 둥근 무늬가 있다. 앞뒤날개의 외횡선은 점으로 이루어져 있다.

회갈색형 종령

황갈색형 종령　성충　성충 표본

Q-5-33 솔밭가지나방 *Xerodes rufescentaria*

먹이식물 낙엽송(*Larix leptolepis*)

유충시기 5~6월, 8월
유충길이 28~35mm
우화시기 6~7월, 이듬해 3월
날개길이 34~40mm
채집장소 하남 검단산

몸은 흑갈색 바탕에 가는 줄무늬가 여럿 있고, 마디마다 적갈색 무늬가 있으며 자고 흰 점무늬도 2개 있다. 소나무과 식물을 먹는 것으로 알려진다. 흙 속에 들어가 번데기가 되고 봄형은 12~14일이 지나면 우화한다. 성충은 색 변이가 많다. 1년에 2회 발생한다.

종령

성충 흑갈색형

성충 황갈색형 표본

Q-5-34 노랑얼룩끝짤름가지나방 *Zanclidia testacea*

먹이식물 노박덩굴(*Celastrus orbiculatus*)

유충시기 5월
유충길이 35mm
우화시기 6월
날개길이 42mm
채집장소 가평 명지산
　　　　　가평 용추계곡

머리에는 커다란 검은 무늬가 서로 붙어 있고, 앞가슴등판과 배 끝에
도 노란색 바탕에 검고 둥근무늬가 있다. 가슴과 배 윗면은 노란색 바
탕에 검은 줄무늬가 있고, 양옆에는 흰색 바탕에 검은 점선이 있다.
조금만 이상한 낌새를 느끼면 땅으로 툭 떨어진다. 성충 앞날개 끝은
낫처럼 생겼다. 그 안쪽에 노란 무늬가 있고 중횡선과 외횡선 사이 전
연 가까운 지점에 미색 부분이 있다. 앞뒤날개 횡맥에는 모두 작고 미
색인 초승달무늬가 있다.

종령

성충

성충 표본

R-1 배버들나방 *Gastropacha quercifolia cerridifolia*

먹이식물 버드나무(*Salix koreensis*)

유충시기 **7~8월**
유충길이 **95mm**
우화시기 **8월**
날개길이 **58mm**
채집장소 **남양주 축령산**

몸은 회갈색이고 배 끝에 작은 돌기가 있다. 방해를 받으면 가슴 2, 3째 마디에 있는 흑정색 털 다발을 드러낸다. 적당히 지지할 만한 곳에 미색 고치를 만들어 붙이고 번데기가 되어 12일이 지나면 우화한다. 성충은 가만히 있으면 꼭 낙엽처럼 보인다. 버들나방과 생김새가 비슷해 생식기 검경이 필요하다.

솔나방과 Lasiocampidae

종령

고치 성충 성충 표본

R-2 천막벌레나방(텐트나방) *Malacosoma neustria testacea*

먹이식물 벚나무(*Prunus serrulata* var. *spontanea*), 찔레(*Rosa multiflora*)

유충시기 5월
유충길이 48mm
우화시기 5월
날개길이 38~40mm
채집장소 제주도 아부오름

가슴과 배 윗면에는 검은색 바탕에 주황색 줄무늬가 4개 있고, 양옆에는 회청색과 검은색 사각무늬가 있다. 어릴 때는 가지 사이에 거미줄 같은 텐트를 빽빽하게 치고 여러 마리가 모여 살며, 종령이 되면 흩어진다. 가지처럼 적당히 지지할 만한 곳에 럭비공처럼 생긴 노란 고치를 만들고 14일이 지나면 우화한다.

종령

고치

성충

성충 표본

R-3 별나방 *Euthrix laeta*

먹이식물 싸리(*Lespedeza bicolor*), 조록싸리(*Lespedeza maximowiczii*)

유충시기 5~6월
유충길이 70mm
우화시기 8월
날개길이 53mm
채집장소 가평 석룡산
　　　　가평 명지산
　　　　남양주 천마산

가슴과 배 윗면 가운데에는 흑청색 둥근 무늬가 줄지어 있으며 양옆에는 노란색과 회색이 섞여 있다. 위협을 느끼면 가슴 2, 3째마디에 있는 흑청색 털 다발을 드러낸다. 허물을 벗어도 형태와 색은 별로 변하지 않는다. 싸리도 먹지만 주로 조록싸리에서 보인다. 식물 줄기에 창호지처럼 질기고 긴 방추형 고치를 만들고 번데기가 되어 18~20일이면 우화한다. 성충은 앞날개 중간에 꽃무늬가 있어 동정하기 쉽다.

종령

고치　　성충　　성충 표본

R-4 대만나방 *Paralebeda plagifera*

먹이식물 복자기나무(*Acer triflorum*), 찰피나무(*Tilia mandshurica*), 층층나무(*Cornus controversa*) 따위 여러 나무

유충시기 9월~이듬해 6월
유충길이 100mm
우화시기 7월
날개길이 70~98mm
채집장소

초가을 유충의 배 윗면은 흑남색이고 양쪽에 주황색 선이 있다. 가슴마디 양쪽에 혹 같은 돌기가 있다. 가슴 1째마디 양쪽에는 주황색 털 다발이 있고, 2, 3째마디에는 가로로 적갈색 털이 있다. 위협을 느끼면 가슴을 세워 이 털을 드러낸다. 배 8째마디 윗면에도 둥근 흑남색 무늬가 있다. 대개 나뭇가지에 붙어 가만히 있고 잎도 조금만 먹는다. 2번 더 허물을 벗은 다음 겨울을 나고 이듬해 봄에 다시 보인다. 이때 갑자기 몸에는 푸른색보다 갈색 빛이 더 돌고, 가슴도 적갈색에서 좀 더 밝은 색으로 변하며, 털 길이도 길어진다. 이 상태로 20일쯤 더 지내다가 잎을 여러 장 붙여 고치를 만들고 번데기가 된다. 번데기는 조금만 방해를 받아도 고치를 흔들고 "싸악싸악"하는 소리를 낸다. 22일이 지나면 우화한다. 성충 앞날개 중간에 장화처럼 생긴 무늬가 있어 동정하기 쉽다. 암수의 크기 차이가 크다.

5월 종령

종령

9월 초에 본 개체

9월 말, 허물을 벗은 개체

10월, 허물을 벗은 개체

잎을 만 고치

성충

성충 표본

S-1 물결멧누에나방 *Oberthueria caeca*

먹이식물 당단풍(*Acer pseudo-sieboldianum*)

유충시기 8월
유충길이 35mm
우화시기 이듬해 5~6월
날개길이 44~45mm
채집장소 가평 축령산
　　　　　 가평 호명산

몸은 미색이고 배에 엷은 붉은 무늬가 있으며 배 5째마디에는 노란 무늬가 있다. 배 끝에는 몸실이만 한 긴 채찍 같은 꼬리가 있다. 평소에는 재주나방 유충처럼 몸을 뒤로 확 젖히고 잎에 매달려 있고, 위협을 느끼면 박각시 유충처럼 배 1째마디를 부풀리고 꼬리를 흔든다. 노숙하면 꼬리를 먹어 치우고 잎을 붙이고 그 속에서 번데기가 된다. 성충 앞뒤날개의 아외연선은 각진 직선이고 외횡선과 내횡선은 굵고 굴곡이 약간 있다.

종령

노숙 유충

성충

성충 표본

S-2-1 네눈박이산누에나방　*Aglia tau amurensis Jordan*

먹이식물 신갈나무(*Quercus mongolica*), 떡갈나무(*Quercus dentata*), 앵두나무(*Prunus tomentosa*), 뽕나무(*Morus alba*) 등 여러 나무

유충시기 5~6월
유충길이 55~60㎜
우화시기 이듬해 3~4월
날개길이 48~54mm
채집장소 가평 명지산
　　　　인제 방태산
　　　　하남 검단산

어린 유충은 길고 가는 채찍 같은 돌기가 가슴 1, 3째마디에 1쌍, 배 8째마디에 1개 있다. 배 윗면에는 마디마다 짧은 가시 같은 것들이 1쌍씩 있다. 탈피 후 채찍 같은 돌기를 제외한 허물을 먹는다. 종령이 되면 돌기들은 없어진다. 노숙하면 몸은 붉게 변하고 물똥을 싼 후 지표면과 낙엽층 사이나 얕은 지면 아래 고치를 만든다. 성충의 앞뒤날개에는 둥글고 검은 무늬가 있고, 그 무늬 속에 작은 흰색 무늬가 있다.

허물을 먹는 종령

중령

종령 직전 유충

종령 윗면

성충

성충 표본

S-2-2 참나무산누에나방 *Antheraea yamamai*

먹이식물 참나무류(Oak trees)

유충시기 5~6월
유충길이 70mm
우화시기 7~8월
날개길이 100~110mm
채집장소 하남 검단산
　　　　양평 용문산

중령 몸은 녹색이고. 배 윗면에 있는 털받침은 노란색이지만 기문 아래에 있는 널받침은 코발트색이고 여기에 검은 털이 듬성듬성 있다. 종령 전 단계에는 A2~A6 기문 위에 광택이 나는 진주색 돌기가 나타나며 아주 많이 먹는다. 이름과 달리 광식성이다. 종령이 되면 끈적끈적한 물똥을 싼 후, 잎을 대강 붙이고 노란 고치를 만든다. 고치 속 번데기는 무엇을 긁는 것 같은 소리를 내기도 한다. 고치를 만들고 45~55일이 지나면 우화한다. 성충은 앞뒤날개가 황갈색인 개체도 있고, 분홍색인 개체도 있다. 이 외에도 날개 색 변이가 있다. 늦여름 참나무에 붙어 있는 것을 가끔 볼 수 있다.

종령

중령 윗면(10mm)　　　중령 옆면　　　종령 머리와 가슴

고치　　　성충 암컷　　　성충 수컷 표본

S-2-3 작은산누에나방　　*Caligula boisduvalii fallax*

먹이식물 개암나무(*Corylus heterophylla* var. *thunbergii*), 고로쇠나무(*Acer mono*),
　　　신갈나무(*Quercus mongolica*) 따위 여러 나무

유충시기 6월
유충길이 60mm
우화시기 10월
날개길이 80mm
채집장소 포천 광릉수목원

중령 가슴과 배 윗면은 검은색이고, 가슴 2, 3, 배 3, 4, 5, 6, 7째마디에
는 검은 털받침을 둘러싼 둥글고 빨간 무늬가 있다. 배 아랫면은 연두
색이다. 종령이 되면 몸은 녹색으로 변하고 가는 털이 많이 난다. 기
문 아래에 있는 선은 노란색이고, 항문 아래 마디에는 적갈색 무늬가
있다. 물 같은 갈색 똥을 싸서 수분을 뺀 뒤 낙엽에 잎을 붙이고 번데
기가 되어 가을에 우화한다. 성충 앞날개 앞의 끝 부근에서 후연까지
는 사선으로 갈색 삼각무늬가 있고, 날개마다 눈알무늬가 있다.

종령

중령　　성충　　성충 표본

S-2-4 밤나무산누에나방　*Caligula japonica*

먹이식물 가래나무(*Juglans mandshurica*), 밤나무(*Castanea crenata*), 붉나무(*Rhus chinensis*) 따위 여러 나무

유충시기 5~6월
유충길이 90~100mm
우화시기 9~11월
날개길이 103~124mm
채집장소 가평 석룡산
　　　　 가평 명지산
　　　　 남양주 천마산
　　　　 양평 비솔고개

4령 몸은 노란색인 배 기문선 아래를 제외하고는 모두 검고, 길고 흰 털이 있다. 5령이 되면 몸은 연두색으로 변하고 기문선 위에 있는 마디마다 하늘색 무늬가 생긴다. 6령이 되어도 형태와 색이 거의 달라지지 않는다. 먹는 양이 아주 많아서 대발생한 나무에는 잎이 거의 남아나질 않는다. 주로 가래나무와 밤나무에 많이 발생한다. 잎이 없어지면 어슬렁어슬렁 기어 다른 나무로 이동한다. 다 자란 유충은 나뭇잎을 두르고 질긴 그물망 같은 갈색 고치를 만든다. 번데기가 되는 데 5일 이상이 걸리며 가을에 우화한다. 성충은 참나무산누에나방과 생김새가 비슷하다. 앞날개 기부에서 1/3, 2/3 되는 지점에 전연과 후연에 걸쳐 넓은 갈색 띠무늬가 있고, 이것으로 참나무산누에나방과 구별한다. 날개 색에 변이가 있다. 성충은 종종 낮에도 나뭇잎에 붙어 있다.

종령

4령

붉나무 잎을 먹는 유충

고치

성충 암컷

성충 수컷 표본

T-1-1 노랑갈고리박각시 *Ambulyx schauffelbergeri*

먹이식물 붉나무(*Rhus chinensis*)

유충시기 **7월, 8월**
유충길이 **65~87mm**
우화시기 **7월, 이듬해 4월**
날개길이 **90mm**
채집장소 **남양주 천마산**

몸에는 작은 돌기가 있고, 기문 위는 연두색, 아래는 짙은 녹색이다. 가슴과 배 4, 5째마디에 있는 노란 사선 옆에는 갈색 삼각무늬가 있다. 꼬리는 긴 편이고 여기에 작고 흰 돌기가 있다. 흙 속에 들어가 번데기가 되고 여름형은 보름이 지나면 우화한다. 성충 앞날개는 적갈색이고 끝이 갈고리처럼 약간 휘었다. 후연에는 기부 가까운 지점에 둥근 녹색 무늬가 있다.

종령

성충

성충 표본

T-1-2 대왕박각시 *Langia zenzeroides nawai*

먹이식물 귀룽나무(*Prunus padus*), 벚나무(*Prunus serrulata* var. *spontanea*)

유충시기 6~7월
유충길이 105~110mm
우화시기 이듬해 3월
날개길이 138mm
채집장소 남양주 천마산
　　　　　 하남 검단산

몸은 연두색이고, 앞가슴에서부터 꼬리돌기까지 이어진 타원형 노란 줄무늬가 있다. 노숙하면 이 타원형 부분은 갈색으로 변한다. 어린 잎을 먹고 살다가 종령이 되면 줄기에 난 잎을 거의 다 먹어 치운다. 종령은 방해를 받으면 "쉭, 쉭"하는 소리를 낸다. 땅으로 내려와 몸에서 물을 아주 많이 빼고 낙엽 속에서 번데기가 된다. 번데기는 아주 딱딱하며, 가운데가 들어가지 않은 땅콩모양이고 흑갈색이다. 번데기가 되는 데는 3일 이상 걸린다. 성충 앞날개는 회색이고, 가운데는 회백색이다. 후연과 외연 가까이에 검은 사선이 있다. 앞날개 아랫면과 가슴과 배에는 잔털이 많다.

종령

노숙 유충

번데기

성충

성충 표본

T-1-3 등줄박각시 *Marumba sperchius*

먹이식물 졸참나무(*Quercus serrata*)

유충시기 9월
유충길이 75mm
우화시기 이듬해 5월
날개길이 85mm
채집장소 하남 검단산

몸은 연한 연두색이고 배 윗면에 미색 줄무늬가 7개 있으며, 첫 번째 줄무늬 끝은 굵다. 분홍등줄박각시 유충과 생김새가 아주 비슷하다. 분홍등줄박각시 유충은 머리가 긴 이등변삼각형 같으나 등줄박각시 는 끝이 둥근 정삼각형 같다. 또한 몸에 과립처럼 생긴 돌기가 흰색과 자주색이라는 것도 차이점이다. 성충 앞날개에 가로로 줄무늬가 7개 있고, 배 윗면에도 갈색 줄무늬가 있다.

종령

종령 윗면

종령 머리

성충

성충 표본

T-2-1 포도박각시　*Acosmeryx naga*

먹이식물 개다래(*Actinidia polygama*)

유충시기 8월
유충길이 80mm
우화시기 이듬해 3월
날개길이 83mm
채집장소 가평 축령산

몸은 연두색이고, 앞가슴에서부터 꼬리돌기까지 타원형 줄무늬가 있으며, 앞가슴에서 배 3째마디까지는 노란색이고 그 나머지는 흰색이다. 뒷가슴과 배 1째마디 사이는 부풀어서 양쪽으로 튀어나왔다. 머루박각시 유충과 먹이, 발생 시기가 비슷해 혼동할 수 있다. 머루박각시 유충은 배 윗면 마디마다 팔(八)자처럼 생긴 무늬가 있다. 흙 속에 들어가 번데기가 된다. 성충은 산포도박각시와 비슷하지만, 포도박각시는 아외연선(외연 가까이에 있는 흰색 선)이 날개 끝까지 있으므로 구별할 수 있다.

종령

종령 윗면　성충　성충 표본

T-2-2 벌꼬리박각시 *Macroglossum pyrrhostictum*

먹이식물 계요등(*Paederia scandens*)

유충시기 **8월**
유충길이 **40~55mm**
우화시기 **9월**
날개길이 **40~55mm**
채집장소 **구미 금오산**
　　　　 밀양 재약산

4령 몸은 연두색 바탕에 흰 점무늬가 있으며, 머리에서 꼬리돌기까지 양쪽으로 노란 줄무늬가 있다. 마디마다 중간에 짙은 녹색 점무늬가 있다. 종령이 되면 배 윗면 중간에 있는 흰 줄무늬가 더 선명해지는 녹색형과 몸이 황갈색으로 변하는 황갈색형으로 나뉜다. 애벌꼬리박각시 유충과 먹이식물, 발생 시기가 같고, 함께 살기도 한다. 잎을 붙이고 그 속에서 번데기가 되어 13일이 지나면 우화한다.

녹색형 종령

황갈색형 종령

4령

번데기

성충

성충표본

T-2-3 애벌꼬리박각시 *Neogurelca himachala sangaica*

먹이식물 계요등(*Paederia scandens*)

유충시기 8월
유충길이 35mm
우화시기 8월
날개길이 35mm
채집장소 구미 금오산
　　　　밀양 재약산

4령 몸은 연두색에 흰색 가루로 덮여 있고, 가슴에서 꼬리돌기까지 양쪽으로 줄무늬가 있다. 종령이 되면 가슴과 배 끝은 황갈색, 배는 흑갈색으로 변하며, 가슴에서 꼬리까지 마름모무늬가 이어진다. 잎을 붙이고 그 속에서 번데기가 되어 10일이 지나면 우화한다. 성충은 벌꼬리박각시와 생김새가 비슷하다. 앞날개 후연이 갈고리처럼 많이 휘었고, 뒷날개 기부에 검은 무늬가 없으며, 전연에 있는 검은 띠무늬가 더 넓은 것으로 벌꼬리박각시와 구별한다.

종령

4령 윗면

번데기

성충

성충 표본

T-2-4 우단박각시   *Rhagastis mongoliana*

먹이식물 물봉선(*Impatiens textori*) 따위 여러 식물

유충시기 8월
유충길이 65~70mm
우화시기 이듬해 5월
날개길이 53mm
채집장소 가평 운악산
　　　　하남 검단산

4령 머리는 녹색이고 가슴과 배는 백록색이며, 배 1째마디에 눈알무늬가 있다. 종령이 되면 몸에 뱀 비늘 같은 갈색과 검은색 무늬가 생긴다. 눈알무늬도 붉은 테두리에 둘린 검은색으로 변한다. 방해를 받으면 뱀처럼 보이려고 눈알무늬가 있는 부분을 부풀린다. 지면에서 잎을 붙이고 번데기가 된다. 성충 앞뒤날개는 흑갈색을 띤다.

4령

노랑물봉선을 먹는 유충

종령

성충

성충 표본

T-2-5 털보꼬리박각시 *Sphecodina caudata*

먹이식물 왕머루(*Vitis amurensis*)

유충시기 6~7월
유충길이 72~75mm
우화시기 이듬해 4월
날개길이 60mm
채집장소 가평 석룡산
　　　　 하남 검단산
　　　　 영월 사자산

4령 몸은 분백색 가루로 덮여 있고, 꼬리 돌기 대신 액상 같은 노란 돌기가 있다. 종령이 되면 완전히 바뀌어 연두색 바탕에 자주색 줄무늬가 생겨 마치 머루 덩굴에 감긴 것처럼 보인다. 번데기가 되기 전에 다시 색이 바뀌어 배 윗면은 짙은 녹색으로 변하고, 배 아랫면은 연갈색으로 변해 뱀처럼 보인다. 가지에서 내려와 흙 속으로 들어간 다음 번데기가 된다. 성충의 뒷날개는 외연을 제외하고 투명한 노란색이고, 배 끝에 털이 많다.

종령

4령

노숙 유충

노숙 유충 아랫면

성충

성충 표본

271

U-1-1 곱추재주나방 *Euhampsonia cristata*

먹이식물 갈참나무(*Quercus aliena*), 상수리나무(*Quercus acutissima*), 신갈나무(*Quercus mongolica*) 따위
참나무류(Oak trees)

유충시기 8월
유충길이 65mm
우화시기 9월
날개길이 63mm
채집장소 하남 검단산

몸이 아주 통통한 편이고 방해를 받으면 몸 앞부분을 뒤로 완전히 젖힌다. 흙 속으로 들어가 번데기가 되고 보름 정도 지나면 우화한다. 성충 가슴에는 삼각뿔같이 생긴 털 뭉치가 있다.
* 1권에서 푸른곱추재주나방과 유충 사진이 뒤바뀌어 실려서 다시 실은 것이다.

종령

성충

성충 표본

U-1-2 푸른곱추재주나방 *Euhampsonia splendida*

먹이식물 참나무류(Oak trees)

유충시기 7~8월, 8월
유충길이 60~70mm
우화시기 9월, 이듬해 6월
날개길이 63~72mm
채집장소 남양주 천마산
　　　　 하남 검단산

중령 머리는 몸에 비해 아주 크다. 몸은 흰색을 띠지만 자라면서 흰빛이 도는 녹색이 된다. 다른 재주나방 유충과는 달리 재주도 피우지 않고 밤나방 유충처럼 잎 뒤에 숨어 지낸다. 주로 밤에 잎을 먹으며, 먹는 양이 상당하다. 흙 속에 고치를 만들고 번데기가 된다. 성충은 낮에도 더러 보이며, 앞날개 앞쪽 3/4 정도는 쑥색 비슷한 색을 띤다.

종령

중령

참나무류 잎을 먹는 유충

성충

성충 표본

U-2-1 뒷검은재주나방   *Cnethodonta grisescens*

먹이식물 개서어나무(*Carpinus tschonoskii*), 돌배나무(*Pyrus pyrifolia*)

유충시기 6~7월, 10월
유충길이 35mm
우화시기 7월, 이듬해 6월
날개길이 39~40mm
채집장소 남양주 천마산
밀양 재약산

몸은 황갈색이고 배 윗면 가운데에 보라색 줄무늬가 있으며 배 끝은 분홍색이다. 가슴 3째마디, 배 1~3, 5째마디 양옆에 노란 무늬가 있다. 가만히 있을 때는 머리, 가슴과 배 6째마디부터 아래쪽을 늘어뜨리고 있다. 성충 앞날개는 회색이고 간간이 작고 검은 비늘 다발이 솟아 있다. 성충은 *Cnethodonta japonica*와 생김새가 매우 비슷해 구별하기가 어려운데, 이 종은 몸이 노란색이고 배 끝이 분홍색인 개체가 많다(1권 참조). 1년에 2회 발생한다.

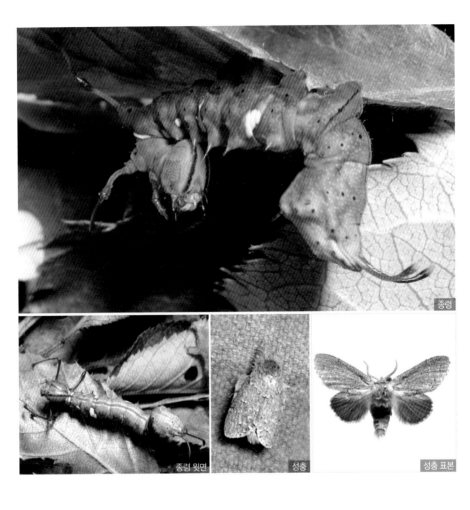

종령

종령 윗면

성충

성충 표본

U-2-2 숲재주나방 *Fusadonta basilinea*

먹이식물 신갈나무(*Quercus mongolica*)

유충시기 **6월**
유충길이 **40mm**
우화시기 **7월**
날개길이 **40mm**
채집장소 **남양주 운길산**

4령과 5령은 별 차이가 없다. 머리는 녹색에 가깝고 가슴과 배는 백록색이며 노란 기문선 위로 짧고 붉은 선이 있다. 흙 속에 들어가 번데기가 되어 18일이 지나면 우화한다. 성충 앞날개는 노란색과 갈색이 섞여 있고, 무늬는 그리 뚜렷하지 않다. 앞날개 후연에 있는 털 다발은 뚜렷한 검은색이다.

종령

4령

성충

성충 표본

U-2-3 기생재주나방   *Uropyia meticulodina*

먹이식물 가래나무(*Juglans mandshurica*)

유충시기 **7~8월**
유충길이 **40mm**
우화시기 **8월**
날개길이 **42~43mm**
채집장소 **가평 용수동**

머리와 가슴은 흑갈색이고 가슴 양쪽에 노란 점무늬가 있으며 배는 녹색이다. 가슴 근처와 배 3, 4째마디, 배 끝 윗면에 고동색이 옆으로 넓게 퍼져 있다. 생김새가 잎이 시든 것처럼 보이지만 눈에는 잘 띄는 편이어서 기생을 많이 당한다. 잎 뒤쪽 주맥에 붙어서 잎을 먹는다. 성충 앞날개의 앞쪽과 후연에 있는 엷은 갈색 부분을 짙은 갈색 테두리가 둘러싸고 있다.

종령

종령 윗면

잎을 먹는 종령

성충

성충 표본

U-3-1 점줄재주나방 *Drymonia dodonides*

먹이식물 갈참나무(*Quercus aliena*), 신갈나무(*Quercus mongolica*)

유충시기 6~7월, 8~9월
유충길이 35~40mm
우화시기 8월, 이듬해 3~4월
날개길이 34~36mm
채집장소 남양주 천마산

머리는 녹색이고 가슴과 배는 연두색이며, 엷은 노란색 기문 선에 짧은 분홍색 줄무늬가 있다. 흙 속에 고치를 만들고 번데기가 된다. 6월에 키운 개체 중에는 8월에 우화한 것도 있고, 9월에 키운 개체와 함께 이듬해 3~4월에 우화한 것도 있다. 재주나방류는 주둥이가 없다. 성충 앞날개는 연회색이다. 외횡선은 전연과 후연 부분에서는 굵은 흰색으로 뚜렷하나 가운데는 희미하다. 1년에 2회 발생한다.

종령

성충

성충 표본

U-3-2 벚나무재주나방　　*Hupodonta corticalis*

먹이식물 야광나무(*Malus baccata*)

유충시기 5월
유충길이 40mm
우화시기 6월
날개길이 57mm
채집장소 가평 명지산

가슴 2째마디, 배 4, 8째마디 윗면에 뾰족한 가시 같은 빨간 돌기가 있다. 종령이 되면 아주 많이 먹는다. 잎을 붙이고 번데기가 되어 18일이 지나면 우화한다. 성충 앞날개는 연갈색과 흑갈색이 섞여 있으나 아외연선은 뚜렷한 흰색이다.

종령

종령 윗면　성충　성충 표본

U-4-1 푸른무늬재주나방   *Ptilodon ladislai*

먹이식물 당단풍(*Acer pseudo-sieboldianum*)

유충시기 8월
유충길이 33㎜
우화시기 이듬해 2월
날개길이 40mm
채집장소 가평 축령산

몸은 백록색이고, 배의 각 마디 윗면마다 노란 돌기가 한 쌍씩 있다. 배 8째마디에 있는 돌기 사이에는 붉은 줄무늬가 2개 있다. 흙 속에 들어가 번데기가 되어 이듬해 이른 봄에 우화한다. 사육한 개체는 당시(2014년) 겨울이 봄처럼 따뜻해 일찍 우화한 것 같다. 성충 앞날개 전연에는 검은 띠무늬가 있고, 아외연선 바깥쪽에는 앞부분을 제외하고는 흰 바탕에 회색 무늬가 있다.

종령

종령 윗면

성충

성충 표본

U-4-2 빗살수염재주나방 *Ptilophora nohirae*

먹이식물 당단풍(*Acer pseudo-sieboldianum*), 복자기나무(*Acer triflorum*)

유충시기	5월
유충길이	25mm
우화시기	11월
날개길이	30mm
채집장소	속초 외설악

몸은 백록색이고 가슴과 배 윗면 양쪽에 흰 줄무늬가 있으며 배 8째 마디는 약간 높다. 흙 속에 들어가 번데기가 되어 늦가을에 우화한다. 성충 수컷의 더듬이는 빗살 모양이나 암컷은 실 모양이다. 몸 전체와 앞날개는 갈색이고 뒷날개는 엷은 갈색이다. 날개는 투명해 시맥이 다 보인다.

종령

노숙유충

성충

성충 표본

U-4-3 세로줄재주나방 *Togepteryx velutina*

먹이식물 단풍나무(*Acer palmatum*)

유충시기 **6월, 8월**
유충길이 **35mm**
우화시기 **6월**
날개길이 **39mm**
채집장소 속초 외설악

머리는 노란색 바탕에 검은 점무늬가 있고, 가슴과 배 윗면에는 검은색과 흰색 줄무늬가 번갈아 있다. 중령 때는 이 검은 줄무늬 양쪽이 끊겨 있다. 잎을 붙이고 번데기가 되어 2주가 지나면 우화한다. 성충 앞날개 중간에는 세로로 굵고 검은 줄무늬가 있다. 1년 2회 발생한다.

종령

중령

잎을 먹는 종령

성충

성충 표본

U-5 덤불재주나방 *Phalerodonta bombycina*

먹이식물 졸참나무(*Quercus serrata*)

유충시기 5~6월
유충길이 50mm
우화시기 10월
날개길이 43~49mm
채집장소 속초 외설악

4령 몸은 적갈색 바탕에 노란 무늬가 있다. 종령이 되면 검은색 바탕에 노란 무늬가 생기고, 각 마디 끝의 적자색 줄무늬가 뚜렷해진다. 수십 마리가 모여 살고, 떨어뜨려 놓아도 다시 모인다. 방해를 받으면 몸 앞부분을 쳐든다. 흙 속에 들어가 고치를 만들고 번데기가 되어 가을이면 우화한다.

* 1권에서 갈무늬재주나방(p. 294)으로 동정한 것을 이 종으로 수정한다.

종령

허물 벗을 준비를 하는 종령

성충

성충 표본

V-1 엘무늬독나방　*Arctornis l-nigrum*

먹이식물 느릅나무(*Ulmus davidiana* var. *japonica*)

유충시기 6월
유충길이 45mm
우화시기 8월
날개길이 49mm
채집장소 가평 석룡산

몸 바탕은 흑청색이며 주황색 줄무늬가 있고, 마디마다 긴 흰털과 검은 털이 섞어 나 있다. 잎을 살짝 붙이고 번데기가 되며, 번데기는 녹색이다. 번데기가 된 지 1주일이 지나면 우화한다. 성충 날개는 모두 흰색이고 앞날개 횡맥에 엘(L)자처럼 생긴 무늬가 있다.

종령

번데기

성충

성충 표본

V-2 사발무늬독나방 *Calliteara conjuncta*

먹이식물 졸참나무(*Quercus serrata*)

유충시기 **7월**
유충길이 **30mm**
우화시기 **8월**
날개길이 **38mm**
채집장소 **인제 방태산**

몸은 연한 갈색이다. 배 윗면 1~4째마디에 짙은 적갈색 털 다발이, 8째마디에는 검은 털 다발이 있다. 털을 섞어 고치를 만들고 번데기가 되어 9일이 지나면 우화한다. 성충 앞뒤날개는 모두 짙은 흑갈색이고, 앞날개 기부에서 내횡선 안쪽은 검은색을 띤다.

종령

성충

성충 표본

V-3 물결매미나방 *Lymantria lucescens*

먹이식물 야광나무(*Malus baccata*)

유충시기	7월
유충길이	40mm
우화시기	8월
날개길이	37mm
채집장소	가평 용추계곡

가슴과 배는 갈색이고 배 윗면에는 노란 줄무늬가 있으며 가슴과 배 윗면에 있는 털받침 돌기는 모두 붉은색이다. 잎을 붙이고 번데기가 되어 10일 정도 지나면 우화한다. 여러 활엽수를 먹는다. 성충 앞날개는 얼룩매미나방과 비슷하지만 물결매미나방 앞날개에는 검은 비늘이 있어 더 짙어 보인다. 암수 크기가 차이가 크며, 사진은 수컷이라 작다.

종령

성충

성충 표본

V-4 흰띠독나방 *Numenes disparilis*

먹이식물 까치박달(*Carpinus cordata*)

유충시기 6월
유충길이 35mm
우화시기 7월
날개길이 56mm
채집장소 가평 용추계곡

몸은 황갈색 털로 덮여 있고, 마디마다 검은색 바탕에 흰 점무늬가 보인다. 배 1, 2째마디 윗면에는 검은 털 다발이 있다. 잎을 붙이고 그 속에 털을 섞은 고치를 만들고 번데기가 되어 12일이 지나면 우화한다. 성충 앞날개는 노란색 바탕에 굵고 검은 줄무늬가 있다.

종령

성충

성충 표본

W 흰제비불나방 *Chionarctia nivea*

먹이식물 개망초(*Erigeron annuus*), 갈퀴나물(*Vicia amoena*), 살갈퀴(*Vicia angustifolia* var. *segetalis*)

유충시기 **4~6월**
유충길이 **60mm**
우화시기 **7~8월**
날개길이 **56~78mm**
채집장소 **완도 보길도**

머리는 검은색이고, 털은 기문 위로는 검은색, 아래로는 황갈색이며 광택이 난다. 살갈퀴를 먹던 개체와 길 위에 기어가는 여러 마리를 채집해 키웠다. 5월 초, 먹이식물 줄기에 매달린 채 1주일을 가만히 있다가 낙엽 아래로 내려가 흙을 파고 몸을 둥글게 만 채 또 가만있었다. 7월에 잎을 붙이고 번데기가 되어 우화한다. 성충은 배 양쪽에 붉은 무늬가 있고, 앞뒤날개에 검은 점무늬가 간간이 있는 개체도 있고, 없는 개체도 있다.

종령

잎을 먹는 종령

성충

성충 표본

X-1 국명 없음 *Gadirtha impingens*

먹이식물 사람주나무(*Sapium japonicum*)

혹나방과 Nolidae

유충시기 5월
유충길이 30mm
우화시기 6월
날개길이 45mm
채집장소 제주도 동백마을

머리는 노란색이고, 가슴과 배에는 노란색과 흰색이 섞여 있으며 길고 흰 털과 검은 털이 있다. 잎 뒷면에 숨어서 가운데 잎맥만 남기고 먹는다. 사육한 개체는 오아시스를 뜯어 붙여 고치를 만들고(자연 상태에서는 수피를 뜯어 붙여 고치를 만드는 것 같다) 번데기가 되어 13일이 지나 우화했다. 성충 앞날개는 회갈색이고, 뚜렷한 가락지무늬와 콩팥무늬가 있으며 무늬 가운데는 솟아 있다.

종령

고치

성충

성충 표본

X-2 앞검은혹나방 *Roeselia costalis*

먹이식물 야광나무(*Malus baccata*)

유충시기 5월
유충길이 15mm
우화시기 6월
날개길이 20mm
채집장소 가평 명지산

몸에는 주황색과 검은색 돌기가 솟아 있다. 배 1, 2, 3마디에는 양쪽으로 실고 검은 털이 나 있다. 기문선 아래는 흰색이다. 배 끝은 둥글며, 길고 검은 털이 나 있다. 잎 한 면이나 수피를 뜯어 붙여 고치를 만들고 번데기가 되어 10일 정도 지나면 우화한다. 성충 앞날개는 회갈색이고 전연 가운데에 삼각처럼 생긴 흑갈색 무늬가 있다.

종령

고치

성충

성충 표본

Y-1-1 넓은띠담흑수염나방 *Hydrillodes morosa*

먹이식물 야광나무(*Malus baccata*)

유충시기 5~6월
유충길이 15mm
우화시기 6월
날개길이 20mm
채집장소 가평 명지산

머리는 적갈색, 앞가슴은 흑자색이고 가슴과 배는 흑갈색이다. 시든 잎에 붙어 있던 개체를 채집했다. 시든 잎을 먹지만 그걸 모르고 새잎을 먹어 키웠다. 어릴 때는 잎 한 면만 먹고, 종령이 되면 잎맥만 남기고 다 먹는다. 먹고 남은 잎과 잎맥은 갈색으로 변한다. 지표층과 흙 사이에 똥을 붙인 얇은 막을 치고 번데기가 되어 12일이 지나면 우화한다. 성충 앞뒤날개의 횡맥에는 흑갈색 꺾쇠무늬가 있고, 횡선들은 연한 갈색이다. 여러 식물의 시든 잎을 먹는다.

종령

성충

성충 표본

Y-1-2 검은점물결수염나방 *Sinarella nigrisigna*

먹이식물 이끼(Mosses)

유충시기	8월
유충길이	15mm
우화시기	9월
날개길이	21mm
채집장소	가평 명지산

몸 전체는 이끼와 같은 녹색을 띤다. 가슴과 배 윗면 마디마다 작고 검은 무늬가 있다. 이끼를 성글게 붙인 방을 만들고 그 속에서 번데기가 되어 13일이 지나면 우화한다. 성충 앞날개는 회색이고 횡맥무늬는 또렷하게 둥글고 검다. 전연에는 검은 사각무늬가 3개 있고 날개 끝에도 검은 무늬가 있다.

종령

이끼를 붙인 번데기

성충

성충 표본

Y-1-3 지옥수염나방 *Zanclognatha fumosa*

먹이식물 장미과(Rosaceae spp.) 식물의 시든 잎

유충시기 7~10월
유충길이 18mm
우화시기 11월
날개길이 27mm
채집장소 인제 방태산

몸은 황갈색이고 배 윗면 가운데에 짙고 뚜렷한 자갈색 선이 있다. 벚나무집나방이 살던 귀룽나무의 거미줄 같은 집 속에서 마르고 지저분한 잎을 먹고 사는 개체를 채집해 키웠다. 산사나무, 벚나무 마른 잎도 먹이로 주었다. 잎을 붙이고 번데기가 되어 23일이 지나면 우화한다. 성충 앞날개는 흑갈색이다. 생김새가 비슷한 종이 많은데, 이 종은 앞날개에 있는 아외연선과 외연선 바깥쪽에 희미하게 흰색 테두리가 있어 구별할 수 있다. 1년에 2회 발생한다. 사육한 개체는 먹이공급이 원활하지 않아 더디 자란 것 같다.

종령

노숙유충

성충

성충 표본

Y-1-4 줄회색밤나방 *Zanclognatha griselda*

먹이식물 소나무(*Pinus densiflora*)

유충시기 10~11월
유충길이 20mm
우화시기 이듬해 1월
날개길이 27mm
채집장소 밀양 재약산

몸은 녹색이고, 가슴과 배 윗면 양쪽에 흰 줄무늬가 있으며 기문선은 노란색이다. 잎 사이 여기저기에 실을 엮고 그 속에서 번데기가 된다. 자연 상태에서는 6~8월에 우화하지만 채집한 개체는 늦게 발생한 것인지, 온난화로 더 발생한 것인지, 아예 일찍 우화한 것인지 모르겠다. 10월에 채집했으므로 자연 상태였다면 살지 못했을 수도 있다. 성충 앞뒤날개는 회갈색이다. 내횡선은 직선이고, 외횡선은 바깥으로 한 번 크게 튀어나왔으며, 아외연선은 굵은 띠무늬다.

종령

성충

성충 표본

Y-2-1 각시뒷노랑수염나방 *Hypena claripennis*

먹이식물 모시풀(*Boehmeria nivea*)

유충시기 7~8월
유충길이 28mm
우화시기 7~8월
날개길이 28mm
채집장소 남양주 천마산

뒷노랑수염나방 유충과 생김새가 비슷하지만 이 종은 몸 전체가 밝은 노란색이고 뒷노랑수염나방은 검은색을 띠는 경우가 많다. 뒷노랑수염나방과 섞여 사는 경우가 많으나 각시뒷노랑수염나방의 개체수는 훨씬 적다. 배 3째마디에 다리가 거의 없고 4째마디 다리는 짧다. 두종은 성충 생김새도 비슷하다. 성충 앞날개 기부에서 외횡선까지 황갈색을 띠고 그 전연부는 회갈색을 띤다. 생활 주기가 짧아 1년에 2회이상 발생하는 것 같다.

종령

중령

성충

성충 표본

Y-2-2 고개무늬수염나방 *Hypena stygiana*

먹이식물 매화말발도리(*Deutzia coreana*)

유충시기 8월
유충길이 30mm
우화시기 이듬해 4월
날개길이 28mm
채집장소 남양주 천마산

몸 전체는 녹색이지만 머리에는 검은 점무늬가 많고 털받침 색도 검은색이어서 눈에 띈다. 배 3째마디 다리는 거의 보이지 않고 배 4째마디 다리도 짧다. 다 자라면 지면에 낙엽을 붙이고 번데기가 된다. 성충 앞날개의 외횡선 안쪽은 흑갈색이고 그 바깥쪽은 회갈색이다. 나머지 횡선들은 회백색이다. 외횡선은 전연에서 1/3 되는 지점에서 바깥으로 튀어나왔다.

종령

중령

성충

성충 표본

Y-3-1 사과나무노랑뒷날개나방 *Catocala bella*

먹이식물 돌배나무(*Pyrus pyrifolia*)

유충시기 **5월**
유충길이 **60mm**
우화시기 **6월**
날개길이 **50mm**
채집장소 **평창 오대산**

중령 몸은 짙은 갈색이고 여기에 흰색 줄무늬가 있다. 배 5째마디 윗면에 돌기가 1개, 8째마디에 작은 돌기가 한 쌍 있다. 종령이 되면 마디마다 작은 적자색 점무늬가 생긴다. 배 3, 4째마디 다리는 짧다. 여러 마리가 한 나무에 함께 살고 어린 잎을 먹는다. 잎을 붙이고 그 속에서 번데기가 되어 20일이 지나면 우화한다. 성충 앞날개는 회색이고 횡선들은 검은색이다. 앞날개에 있는 가락지무늬는 연갈색이고 뚜렷하다. 뒷날개 외연의 검은색 부분은 넓고 후연까지 닿아 있다.

종령

중령　성충　성충 표본

Y-3-2 검은다리밤나방 *Dysgonia obscura*

먹이식물 광대싸리(*Securinega suffruticosa*)

유충시기 **8월**
유충길이 **40mm**
우화시기 **8월**
날개길이 **28~30mm**
채집장소 **남양주 천마산**

머리에는 양쪽에 흰 줄무늬가 있고, 가슴과 배에는 미색과 엷은 자회색 줄무늬가 번갈아 있다. 채집한 3마리는 모두 오아시스를 뜯어 붙이고 번데기가 되어 10일 만에 우화했다. 성충은 검은수중다리밤나방과 생김새가 아주 비슷해 생식기 검경이 필요하다.

종령

성충

성충 표본

Y-4-1 산굴뚝밤나방 *Blasticorhinus rivulosa*

먹이식물 싸리(*Lespedeza bicolor*)

유충시기 6월
유충길이 40mm
우화시기 7월
날개길이 34mm
채집장소 가평 명지산

몸은 통통하고 납작한 편이고 갈색이며, 털받침은 검은색이다. 배 3, 4째다리는 거의 퇴화했다. 잎을 잘라 붙이고 그 속에서 번데기가 되어 17일이 지나면 우화한다. 성충 앞뒤날개는 황갈색이고 아외연선이 활처럼 휘어 날개 끝이 갈고리처럼 보인다.

종령

종령 윗면   성충   성충 표본

Y-4-2 사랑밤나방 *Chrysorithrum amatum*

먹이식물 싸리(*Lespedeza bicolor*)

유충시기 **7월**
유충길이 **55mm**
우화시기 **8월**
날개길이 **60mm**
채집장소 **남양주 천마산**

중령(20㎜)은 연두색 바탕에 갈색 줄무늬가 있고 자라면서 갈색으로 변한다. 배 3, 4째마디 다리는 짧다. 종령이 되면 가슴과 배는 흑갈색으로 변하고 마디마다 둥글고 얇은 갈색인 마름모무늬가 생긴다. 흙 속에 들어가 번데기가 되어 23일이 지나면 우화한다. 성충 앞날개의 외횡선과 아외연선에 걸쳐 나뭇가지 같은 흑갈색 띠무늬가 있다. 뒷날개에는 뒷날개밤나방류처럼 중앙에 노란 띠무늬가 있다.

종령

중령(20㎜)

중령

종령 직전 유충

성충

성충 표본

Y-4-3 외별짤름나방　　*Hemipsectra fallax*

먹이식물 조록싸리(*Lespedeza maximowiczii*)

유충시기 **8월**
유충길이 **17mm**
우화시기 **9월**
날개길이 **18~20mm**
채집장소 서울 상일동근린공원

4령은 몸 전체가 녹색이다. 종령이 되면 몸에 붉은 무늬가 생기기 시작하고 나중에는 적자색 얼룩무늬로 변한다. 잎을 붙이고 그 속에서 번데기가 되어 20일 정도 지나면 우화하는 개체도 있고, 35일이 지나 우화하는 개체도 있다. 성충 앞날개는 쑥색이고, 후연 중간에 둥근 흑갈색 무늬가 있다.

종령

4령

종령이 된 직후

성충

성충 표본

Y-4-4 쌍줄짤름나방 *Leiostola mollis*

먹이식물 때죽나무(*Styrax japonica*)

유충시기 8월
유충길이 25mm
우화시기 이듬해 4월
날개길이 27mm
채집장소 포천 광릉수목원

몸은 회녹색이고, 가슴과 배 윗면 양쪽에 노란색 줄무늬가 있으며, 가슴에는 검은 점이 있다. 배 3, 4째 마디 다리는 그다지 발달하지 않았다. 사육한 개체는 오아시스를 뜯어 붙이고 번데기가 되었다. 성충 앞날개의 내·외횡선은 뚜렷한 밝은 갈색이고, 횡맥의 무늬는 흑갈색이다.

종령

성충

성충 표본

Y-4-5 신부짤름나방 *Naganoella timandra*

먹이식물 개머루(*Ampelopsis brevipedunculata* var. *heterophylla*)

유충시기 6~7월, 8월
유충길이 35mm
우화시기 7월, 이듬해 3월
날개길이 25~25mm
채집장소 남양주 천마산
　　　　 가평 명지산

머리에는 적자색 줄무늬가 여러 개 있고, 가슴과 배에는 분홍빛 줄무늬가 여럿 있는 개체도 있고, 녹색 줄무늬가 있는 개체도 있다. 배 3, 4째 다리는 흔적만 남아 있다. 잎 뒷면 주맥에 붙어서 잎을 먹는다. 여름형은 잎을 붙이고 그 속에서 번데기가 되어 10일이 지나면 우화한다. 성충은 앞뒤날개는 꽃분홍색 바탕에 굵고 노란 사선이 있어 쉽게 알아볼 수 있다. 1년 2회 발생한다.

종령

성충

성충 표본

Y-4-6 작은갈고리밤나방 *Oraesia emarginata*

먹이식물 댕댕이덩굴(*Cocculus trilobus*)

유충시기 8월
유충길이 35mm
우화시기 8월
날개길이 36mm
채집장소 완도 보길도

몸 전체는 검은색이지만 여기에 노란색과 붉은색 줄무늬가 있어 눈에 확 띈다. 배 3째마디 다리가 없어 배 앞부분을 위로 올리고 걷는다. 잎을 붙이고 그 속에서 번데기가 되어 보름이 지나면 우화한다. 성충 앞날개는 갈색이고, 전연 끝에서 후연을 향해 사선으로 검은 줄무늬가 있다.

종령

성충

성충 표본

Y-4-7 흰줄짤름나방　*Pangrapta flavomacula*

먹이식물 개벚나무(*Prunus leveilleana*)

유충시기 7월, 8월
유충길이 25mm
우화시기 8월, 이듬해4월
날개길이 23~24mm
채집장소 남양주 천마산

4령은 몸이 녹색이지만, 종령이 되면 몸은 얼룩덜룩한 흑자색으로 변하고 여기에 흰 무늬가 생긴다. 배 3째마디 다리는 조금 짧다. 사육한 여름형은 샬레 바닥에 잎을 붙이고 번데기가 되어 13일 만에 우화했다. 성충 앞뒤날개 외횡선 안에는 흰색으로 둘러싸인 갈색 꺾쇠무늬가 있고, 아외연선에 있는 흰 무늬는 뒷날개까지 쭉 연결되어 있다.

종령

4령　　성충　　성충 표본

Y-4-8 수풀알락짤름나방 *Pangrapta griseola*

먹이식물 물박달나무(*Betula davurica*)

유충시기 8월
유충길이 25mm
우화시기 이듬해 4월
날개길이 29mm
채집장소 남양주 천마산

머리는 녹색이고 여기에 팔(八)자처럼 생긴 무늬가 있다. 가슴과 배도 녹색이고 각 마디 양쪽에 노란색과 붉은색이 섞인 무늬가 있다. 특히 배 4, 5째마디에는 각각 화려한 노란색, 붉은색 무늬가 있다. 흙 속에 들어가 번데기가 되어 월동한다. 성충 앞날개의 외횡선 안쪽과 뒷날 개 내횡선 바깥에는 흰색으로 둘러싸인 꺾쇠무늬가 있다.

종령

성충

성충 표본

Y-4-9 검은끝짤름나방   *Pangrapta obscurata*

먹이식물 벚나무(*Prunus serrulata* var. *spontanea*)

유충시기 9월
유충길이 25mm
우화시기 이듬해 3~4월
날개길이 26~27mm
채집장소 남양주 천마산

머리는 녹색이고, 팔(八)자처럼 생긴 검은 줄무늬가 있다. 가슴과 배는 백록색이고 가슴 중간에 붉은 줄무늬가 있다. 잎 가장자리에 붙어서 잎을 먹는다. 다 자라면 잎을 붙이거나 흙 속에 들어가 고치를 만들고 번데기가 된다. 사육한 개체 중 잎을 붙이고 번데기가 된 것은 날씨가 더운 탓인지 3월에 우화했다. 성충 앞날개의 내횡선 안, 내횡선과 중횡선 사이, 외횡선 밖은 보라색이지만 마르면 검게 보인다. 앞날개 전연 끝 가까이에 엷은 삼각무늬가 있다.

종령

성충

성충 표본

Y-4-10 점박이짤름나방 *Pangrapta vasava*

먹이식물 느릅나무(*Ulmus davidiana* var. *japonica*)

유충시기 **7월**
유충길이 **25mm**
우화시기 **7월**
날개길이 **20mm**
채집장소 **가평 명지산**

머리는 녹색이고 양쪽에 섬은 줄무늬가 있다. 가슴과 배도 녹색이며, 가슴과 배 윗면 양쪽에는 노란 줄무늬가 있고 각 마디에는 붉은 점무늬가 있다. 흙 속에 들어가 엉성한 고치를 만들고 번데기가 되어 2주가 지나면 우화한다. 성충 앞날개 외횡선의 안쪽은 흑갈색이고 바깥쪽은 황갈색이다. 뒷날개에 작은 흰 무늬가 4개 있다.

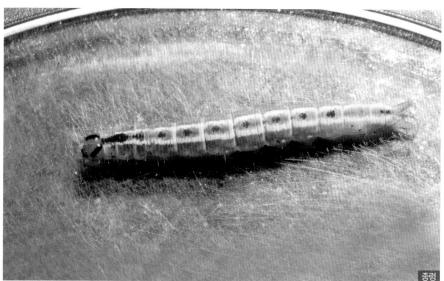

종령

성충

성충 표본

Y-4-11 별박이짤름나방 *Pangrpta lunulata*

먹이식물 물푸레나무(*Fraxinus rhynchophylla*)

유충시기 **7월**
유충길이 **23mm**
우화시기 **7월**
날개길이 **22mm**
채집장소 **가평 용추계곡**

3령 머리는 노란색이고 가슴과 배는 녹색이다. 종령이 되면 머리에는 '八'자 모양의 굵고 검은 줄무늬가 생기고 배 2~6째마디에 노란색과 적자색의 화려한 무늬가 생긴다. 배 3, 4째마디에는 다리가 발달하지 않았다. 잎을 붙이고 번데기가 되어 12일이 지나면 우화한다. 성충 앞날개에 흰색으로 싸인 꺾쇠무늬가 있고, 뒷날개의 횡맥 사이에는 작은 흰색 무늬가 3개 있다.

종령

중령   성충   성충 표본

Y-4-12 꼬마보라짤름나방 *Paragabara flavomacula*

먹이식물 돌콩(*Glycine soja*), 칡(*Pueraria thunbergiana*)

유충시기 8월
유충길이 20mm
우화시기 이듬해 3~4월
날개길이 22mm
채집장소 남양주 천마산

머리는 미색이고 가슴과 배는 백록색이며 배 3, 4째마디 다리는 짧다. 잎 뒤에서 잎맥만 남기고 먹고, 잎을 붙이거나 흙 속에 고치를 만들고 번데기가 된다. 성충 앞날개의 외횡선과 내횡선 사이에는 작고 예쁜 주황색 무늬가 있다.

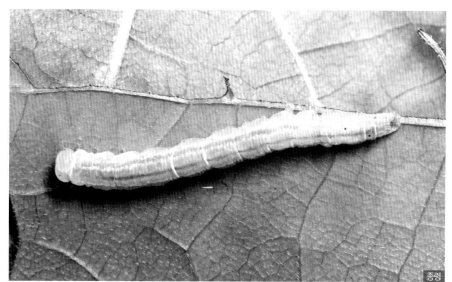
종령

성충

성충 표본

Y-5-1 활무늬알락밤나방   *Abrostola abrostolina*

먹이식물 뽕모시풀(*Fatoua villosa*)

유충시기 **8월**
유충길이 **25mm**
우화시기 **이듬해 5월**
날개길이 **26mm**
채집장소 **가평 축령산**

몸은 흑자색이고 큰알락밤나방 유충 흑자색형과 생김새가 비슷하지만, 활무늬알락밤나방 유충은 배 1째마디에 있는 노란 무늬가 없다. 배 3째마디 다리는 짧다. 잎을 붙이고 번데기가 되어 겨울을 난다. 성충 날개는 모두 검지만 자세히 보면 앞날개에 있는 가락지무늬, 콩팥무늬, 횡선들은 뚜렷하다.

종령

성충

성충 표본

Y-5-2 큰알락밤나방 *Abrostola major*

먹이식물 풀거북꼬리(*Boehmeria tricuspis* var. *unicuspis*)

유충시기 6월
유충길이 32mm
우화시기 7월
날개길이 31~36mm
채집장소 가평 연인산
　　　　하남 검단산

4령은 몸이 녹색이고 입(人)자처럼 생긴 흰 줄무늬가 마디마다 있다. 배 1째마디 윗면 양쪽에는 노란 세모무늬가 있다. 종령은 2가지 유형으로 나뉜다. 노란 무늬 사이와 배 2째마디 윗면 무늬가 짙은 녹색으로 변하고 다른 부분은 별로 변하지 않는 녹색형과 노란 무늬 사이와 배 2째마디 윗면 무늬가 검은색, 몸은 자주색으로 변하는 흑자색형이 있다. 잎을 붙이고 번데기가 되어 12일이 지나면 우화한다. 성충 앞날개는 흑갈색이고 내횡선 안과 외횡선 밖의 후연은 황갈색이다.
* 1권에서 쐐기풀알락밤나방(p. 398)으로 동정한 것을 이 종으로 수정한다.

흑자색형 종령

녹색형 종령

4령

성충

성충 표본

Y-5-3 콩은무늬밤나방 *Ctenoplusia agnata*

먹이식물 향유(*Elsholtzia ciliata*), 덩굴닭의장풀(*Streptolirion cordifolium*)

유충시기 **8월**
유충길이 **25mm**
우화시기 **8~9월**
날개길이 **34~35mm**
채집장소 **가평 용추계곡**

몸은 모두 연두색이고 가슴과 배 윗면에 희미한 물결무늬 선이 몇 개 있다. 잎에 흰 막을 치고 번데기가 되어 8~9일이 지나면 우화한다. 성충은 생김새가 비슷한 종이 많다. 날개 색이 어두운 편이고, 앞날개 가운데에 작은 흰색 삼각무늬가 있으며, 그 아래 옆으로 외횡선이 쐐기모양처럼 날카롭게 기부 쪽으로 들어와 있는 것으로 구분한다.

종령

종령이 된 직후

번데기

성충

성충 표본

Y-5-4 은무늬밤나방 *Macdunnoughia purissima*

먹이식물 쑥(*Artemisia princeps*)

유충시기	8월
유충길이	25mm
우화시기	8월
날개길이	29mm
채집장소	가평 축령산

몸은 엷은 녹색이고, 여기에 사선으로 짧고 흰 물결무늬가 여럿 있다. 기문선 위로 마디마디 아주 작은 검은 점이 있다. 먹이식물인 쑥과 비슷해 눈에 잘 띄지 않는다. 잎을 붙이고 번데기가 되어 8일이 지나면 우화한다. 성충 앞날개는 회색이고, 흑자색 사선 2개 사이에 흰 무늬가 2개 있다. 다른 은무늬밤나방류와 생김새가 달라 혼동하는 일은 없다.

종령

성충

성충 표본

Y-5-5 알락은빛나방 *Polychrysia splendida*

먹이식물 진범(*Aconitum pseudo-laeve* var. *erectum*)

유충시기 6월
유충길이 30mm
우화시기 7월
날개길이 36~37mm
채집장소 가평 석룡산

종령 몸은 연두색이고 배 윗면에 흰 줄무늬가 있으며 털받침은 흰색이며 솟아 있다. 배 3, 4째마디 다리는 퇴화했다. 잎을 말거나 접고 그 속에서 잎을 먹으며 다 먹으면 옮겨 간다. 중령은 큰 잎을 먹을 때 표피층을 남기고 먹는다. 잎을 둥글게 붙이고 그 속에서 허물을 벗는다. 잎에 노란 솜사탕 같은 고치를 만들고 번데기가 되어 2주가 지나면 우화한다. 성충 앞날개 가운데에는 미색으로 둘러싸인 골프채처럼 생긴 무늬가 있고, 그 옆에는 황금색 부분이 있다.

종령

중령

잎을 붙인 모양

고치

성충

성충 표본

Y-5-6 양배추은무늬밤나방 *Trichoplusia ni*

먹이식물 씀바귀(*Ixeris dentata*), 이고들빼기(*Crepidiastrum denticulatum*)

유충시기 8월
유충길이 25mm
우화시기 8월
날개길이 32mm
채집장소 가평 어비계곡
　　　　　남양주 운길산

몸 전체는 연두색이고 여기에 가늘고 흰 줄무늬가 있다. 배 3, 4째마디 다리는 거의 퇴화했다. 잎을 붙이고 그 속에서 번데기가 되어 1수일이 지나면 우화한다. 성충은 앞날개 가운데에는 옆으로 누운 듯한 유(U)자 같은 무늬와 작은 타원형인 흰 무늬가 있다. 아외연선은 검은색이고 거친 톱니모양이며, 그 안쪽은 갈색이다. 이러한 점을 근거로 비슷한 종과 구별한다.

종령

성충

성충 표본

Y-6-1 노랑무늬꼬마밤나방 *Acontia bicolora*

먹이식물 수까치깨(*Corchoropsis tomentosa*)

유충시기 8월
유충길이 18mm
우화시기 9월, 이듬해 5월
날개길이 20mm
채집장소 남양주 천마산

몸에는 대개 검은색과 갈색이 섞여 있지만 색 변이가 있다. 배 3, 4째 마디 다리는 없고 위협을 느끼면 가슴을 부풀린다. 여름형은 잎을 붙이고 그 속에서 번데기가 되어 12일이 지나면 우화한다. 월동하는 것은 지면에 낙엽을 붙이고 번데기가 된다. 성충 수컷의 앞날개에는 기부에서 전연에 걸쳐 넓고 노란 무늬가 있다. 암컷의 앞날개는 검은색이고 전연에는 노란 띠무늬가 있으며 기부 쪽에 희미하게 노란 부분이 있다.

종령

가슴을 부풀린 모양

성충 암컷

성충 암컷 표본

Y-6-2 우단꼬마밤나방 *Anterastria atrata*

먹이식물 꽃향유(*Elsholtzia splendens*), 향유(*Elsholtzia ciliata*)

유충시기 **7~8월**
유충길이 **25mm**
우화시기 **8월**
날개길이 **23mm**
채집장소 **가평 명지산**
　　　　　 남양주 천마산

4령 머리는 연두색이고 가슴과 배는 연한 녹색이다. 배 3, 4째마디 다리는 조금 짧다. 종령이 되면 배 윗면 양쪽과 중간에도 가늘고 흰 줄무늬가 생긴다. 흙 속에 들어가 고치를 만들고 번데기가 되어 2주가 지나면 우화한다. 성충 앞뒤날개는 흑갈색이다. 기부에서 2/3 되는 전연에 흰 무늬가 있다.

종령

4령

노숙유충

성충

성충 표본

Y-6-3 넓은띠흰꼬마밤나방 *Maliattha signifera*

먹이식물 강아지풀(*Setaria viridis*)

유충시기 8월
유충길이 21mm
우화시기 이듬해 5월
날개길이 18mm
채집장소 남양주 운길산

머리는 미색이고 가슴과 배는 백록색이며 가슴과 배 윗면 양쪽에 흰 줄무늬가 있다. 배 3, 4째마디 다리는 없다. 잎을 가로로 일직선이 되게 파먹는다. 흙 속에 들어가 고치를 만들고 번데기가 된다. 성충 앞날개는 기부에서 내횡선까지 넓게 흰색이고 전연에는 작은 갈색 띠무늬가 있다. 구불구불한 외횡선 안과 밖에는 검은 점무늬 2개를 둘러싼 타원형 흰색 무늬가 있다.

성충

성충 표본

Y-6-4 세모무늬꼬마밤나방 *Microxyla confusa*

먹이식물 싸리(*Lespedeza bicolor*)

유충시기 **8월**
유충길이 **18mm**
우화시기 **9월**
날개길이 **19mm**
채집장소 **남양주 천마산**

머리는 살구색이고 가슴과 배 윗면 양쪽에 흰색 줄무늬가 있고 마디마다 검은 점무늬가 있다. 종령이 되면 크기도 작아지고 색도 아주 엷은 미색으로 변하고, 곧 잎을 붙여 번데기가 되어 보통의 다른 유충과 다르다. 그래서 종령이 5령인지 알 수가 없다. 10일이 지나면 우화한다. 성충 앞날개 가운데에 흑갈색 삼각무늬가 있고 그 바깥에 가로로 연갈색 줄무늬가 있다.

종령

번데기 직전   성충   성충 표본

Y-7-1 벚나무저녁나방　*Acronicta adaucta*

먹이식물 벚나무(*Prunus serrulata* var. *spontanea*)

유충시기 **8월**
유충길이 **22mm**
우화시기 **이듬해 5월**
날개길이 **31~32mm**
채집장소 **남양주 운길산**

4령 머리는 적갈색이다. 가슴과 배 윗면의 회색 무늬는 배 끝까지 있고 배 2, 3째마디에서는 가늘다. 붉은 털받침은 돌기처럼 솟아 있다. 종령이 되면 무늬 색도 더 짙어져 거의 검은색이 되고 돌기도 검은색으로 변한다. 허물을 벗을 때는 주위에 실을 빽빽이 친다. 사육한 개체는 오아시스에 들어가 번데기가 되었다. 성충 앞날개는 회갈색이며, 가락지무늬는 검은 테두리에 둘러싸여 있고, 콩팥무늬 안쪽은 검은색, 바깥쪽은 미색 테두리에 싸여 있다. 외횡선은 흰 물결무늬다.

종령

4령

성충

성충 표본

Y-7-2 상수리저녁나방 *Acronicta subornata*

먹이식물 신갈나무(*Quercus mongolica*)

유충시기 5월
유충길이 35mm
우화시기 7월
날개길이 40mm
채집장소 가평 명지산

4령 머리는 주황색이고 가슴과 배는 노란색이다. 털받침은 검은색이고 돌기처럼 솟아 있다. 배 윗면에 난 검은 털은 위쪽으로 벋어 있다. 종령이 되면 머리는 적갈색으로 변하고, 가슴과 배의 색도 약간 칙칙해진다. 사육한 개체는 오아시스에 들어가 50일이 지나 우화했다. 성충 앞날개는 흑갈색이고 검은 물결무늬처럼 생긴 선이 가로로 많이 있다. 그 속에 가락지무늬, 콩팥무늬가 있다.

종령

4령

성충

성충 표본

Y-7-3 쥐똥나무저녁나방 *Craniophora ligustri*

먹이식물 물푸레나무(*Fraxinus rhynchophylla*)

유충시기 9월
유충길이 30mm
우화시기 이듬해 5월
날개길이 39mm
채집장소 남양주 천마산

머리는 노란색이고 중간에 둥글고 검은 무늬가 있다. 가슴과 배는 연한 노란색이고 털받침 은 검은색이며, 여기에 길고 검은 털이 있어 눈에 띈다. 기문은 주황색이다. 잎을 붙이고 그 속에서 번데기가 되어 월동한다. 성충 앞날개는 검은색이고, 외횡선과 아외연선 사이에 큰 회백색 무늬가 있다.

종령

성충

성충 표본

Y-8-1 까마귀밤나방 *Amphipyra livida*

먹이식물 갈참나무(*Quercus aliena*), 냉이(*Capsella bursa-pastoris*), 찔레(*Rosa multiflora*) 따위 여러 식물

유충시기 5월
유충길이 35~38mm
우화시기 6월
날개길이 38~42mm
채집장소 서울 상일동근린공원

몸은 회백색이고 여기에 흰 줄무늬가 있으며 배 끝은 약간 높고 둥그스름하다. 3령이나 종령이나 색과 무늬에는 변화가 없다. 잎을 붙이거나 지면에 낙엽을 붙이고 번데기가 되어 26~27일이 지나면 우화한다. 성충 앞날개는 새까맣고 광택이 있어 벨벳 천처럼 보인다. 그래서 까마귀란 이름이 붙은 것 같다.

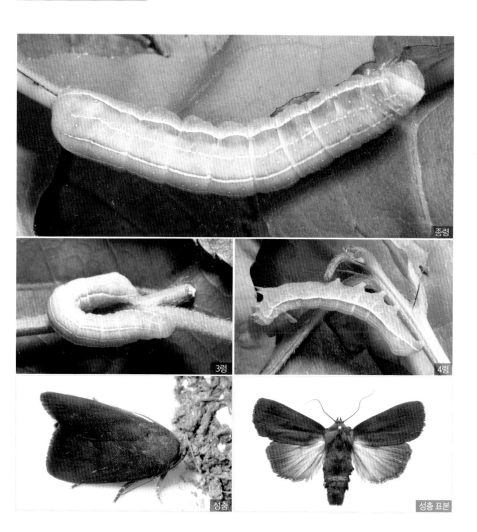

종령

3령

4령

성충

성충 표본

Y-8-2 붉은나무결밤나방 *Apamea aquila*

먹이식물 갈대(*Phragmites communis*), 억새(*Miscanthus sinensis*)의 씨앗

유충시기 10월~이듬해 4월
유충길이 30mm
우화시기 5월
날개길이 40mm
채집장소 서울 길동생태공원
　　　　　 하남 검단산

종령 앞가슴은 검고 여기에 흰 줄무늬가 3개 있다. 씨앗 줄기를 붙여 방 같은 것을 만들고 그 속에 숨어서 씨앗을 빼먹는다. 다 먹으면 다른 곳으로 옮겨 다시 씨앗 줄기를 붙이고 겨울을 지낸다. 종령은 봄에 새 순이 올라오면 새순을 먹고, 다 자라면 흙 속에 들어가 번데기가 되어 5월에 우화했다. 자연 상태에서는 7~9월에 보인다고 하니 사육한 탓에 일찍 우화한 것 같다. 성충 앞날개는 연한 갈색 바탕에 적갈색 물결무늬가 있고, 전연에는 짧고 짙은 갈색 띠무늬가 있다. 콩팥무늬는 미색인 초승달 모양과 그 양쪽에 아주 작은 흰색 점무늬로 되어 있다.

10월

종령

3월

성충

성충 표본

Y-8-3 국화밤나방 *Athetis stellata*

먹이식물 참빗살나무(*Euonymus sieboldiana*)의 시든 잎

유충시기 6~7월
유충길이 23mm
우화시기 8월
날개길이 29mm
채집장소 가평 연인산

가슴은 흑자색이다. 배 3~7째마디 윗면 양쪽에 지그재그로 된 황갈색 무늬가 있고, 그 사이에 마름모처럼 생긴 흑갈색 무늬가 있다. 배 8째 마디 색은 황토색이다. 주로 시든 잎을 먹는다. 성충은 생김새가 비슷한 종이 많고, 내횡선, 외횡선이 거의 직선인 것으로 이 종을 동정한다. 수컷은 앞날개 외연의 가운데가 안쪽으로 꺾였다. 여러 식물의 싱싱한 잎과 시든 잎을 다 먹는 것으로 알려진다.

종령

성충

성충 표본

Y-8-4 얼룩어린밤나방   *Callopistria repleta*

먹이식물 고사리류(Aspidiaceae spp.) 식물

유충시기 8월
유충길이 30mm
우화시기 8월
날개길이 32mm
채집장소 가평 축령산

4령은 녹색이지만 종령이 되면 마디마다 검은 줄무늬가 나타난다. 잎 위에서 잎을 먹는 경우가 많아서인지 기생을 많이 당한다. 흙 속에 들어가 고치를 만들고 번데기가 되어 13일이 지나면 우화한다. 성충은 가슴에 긴 털이 많고, 앞날개 후연에도 긴 털이 있다.

종령

4령   성충   성충 표본

Y-8-5 네점박이밤나방 *Cosmia restituta*

먹이식물 풍게나무(*Celtis jessoensis*)

유충시기	5월
유충길이	25mm
우화시기	6월
날개길이	32mm
채집장소	속초 외설악

머리는 노란색이고 검은 점무늬가 있다. 가슴과 배는 미색이고, 배 윗면 가운데 줄과 양쪽 줄도 미색이며, 그 사이에 검은 사각무늬가 있다. 잎을 붙이고 번데기가 되어 20일 이 지나면 우화한다. 성충 앞날개는 황갈색이고 전연에 흰 무늬가 3개 있고, 그중 가운데 무늬는 가장 크다. 앞날개 중앙 가까이에 작은 흰 무늬가 있다.

종령

성충

성충 표본

Y-8-6 고동색줄무늬밤나방 *Cosmia sanguinea*

먹이식물 노린재나무(*Symplocos chinensis* var. *leucocarpa* for. *pilosa*)

유충시기 5월
유충길이 28mm
우화시기 6월
날개길이 34mm
채집장소 밀양 재약산

머리는 연두색이고 가슴과 배는 백록색이며 흰 점선이 있다. 잎 2장을 붙여 풍선처럼 만들고 그 속에서 붙인 잎을 잘라 먹거나 밖으로 나와 먹기도 한다. 사육하는 개체의 먹이통을 열면 시큼한 냄새가 났다. 잎을 자근자근 씹어 둥글게 붙이고 그 속에서 번데기가 되어 20일이 지나면 우화한다. 성충 앞날개의 횡선 사이에는 황갈색과 고동색 띠무늬가 있다.

종령

성충

성충 표본

Y-8-7 암노랑얼룩무늬밤나방 *Dimorphicosmia variegata*

먹이식물 피나무(*Tilia amurensis*)

유충시기 **5월**
유충길이 **25mm**
우화시기 **6월**
날개길이 **26mm**
채집장소 **평창 오대산**

몸은 투명한 녹색이다. 잎 2장을 포개어 붙이고 숨어서 산다. 흙 속에 늘어가 번데기가 되어 22일이 지나면 우화한다. 성충 암컷의 앞날개는 노란색이고 뚜렷한 가락지무늬, 콩팥무늬가 있다. 아외연선에는 검은 삼각무늬가 있다. 뒷날개는 검은색이고 외횡선 안에 노란색이 섞여 있다. 수컷의 앞뒤날개가 흑갈색이고 내·외횡선 후연에는 황백색 무늬가 있다.

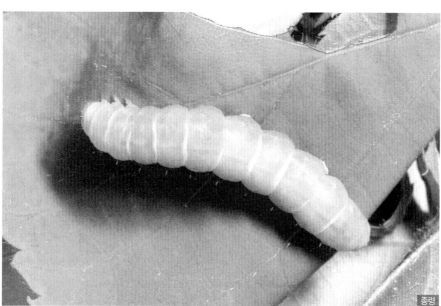
종령

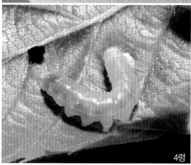
4령

성충 암컷

성충 암컷 표본

Y-8-8 밑검은밤나방 *Eucarta fasciata*

먹이식물 산씀바귀(*Lactuca raddeana*)

유충시기 8월
유충길이 25mm
우화시기 8월, 이듬해 5월
날개길이 30~33mm
채집장소 가평 용추계곡
　　　　 양평 비솔고개

4령 몸 전체는 연두색이고 흰 줄무늬가 있다. 기문선은 흰색이다. 종령이 되면 흰 기문선 위로 붉은 선이 나타난다. 흙 속에 들어가 번데기가 되어 17일이 지나 우화한 개체도 있고 해를 넘겨 봄에 우화한 개체도 있다. 성충 앞날개 기부의 둥근 부분과 날개 중간에 있는 직선 바깥 부분은 회황색이다. 1년에 2회 발생한다.

종령

4령

성충

성충 표본

Y-8-9 끝갈색밤나방 *Oligonyx vulnerata*

먹이식물 개여뀌(*Persicaria longiseta*)

유충시기 9월
유충길이 22mm
우화시기 이듬해 3월
날개길이 22mm
채집장소 남양주 천마산

몸은 녹색이고 흰 기문선을 따라 붉은 선이 간간이 있는 것은 밑검은 밤나방 유충과 비슷하지만, 머리에 있는 검은 점무늬가 다르다. 잎을 붙이고 그 속에 얇은 막을 쳐 고치를 만들고 번데기가 된다. 사육한 개체는 사육한 해의 날씨가 따뜻한 탓에 일찍 나온 것 같다. 성충 앞날개에는 작은 비늘 다발이 산재한다. 기부 쪽 반은 검은색이고 바깥쪽 반은 갈색이다.

종령

성충

성충 표본

Y-8-10 네줄붉은밤나방 *Pygopteryx suava*

먹이식물 물푸레나무(*Fraxinus rhynchophylla*)

유충시기 5월
유충길이 25mm
우화시기 9월
날개길이 32~33.5mm
채집장소 서울 우이령

머리는 검은색이고, 머리 양쪽과 가운데에 흰 무늬가 있다. 가슴과 배
는 분홍색과 엷은 갈색을 섞은 듯한 색이다. 가슴과 배 윗면 중간에
연한 줄무늬가 있고 양쪽에 검은 선이 있다. 주맥을 따라 잎을 반으로
접어 주머니처럼 만들어 그 속에 숨고, 주머니에서 나와 잎을 먹는다.
잎을 지면에 붙이거나 흙 속에 들어가 고치를 엉성하게 만들고 여름
을 난다. 8월 중순경에 번데기가 되어 9월에 우화한다. 성충 앞날개에
는 횡선이 4개 있다.

종령

잎을 붙인 모양

성충

성충 표본

Y-8-11 뒷노랑점밤나방 *Xestia efflorescens*

먹이식물 노박덩굴(*Celastrus orbiculatus*), 다래(*Actinidia arguta*)

유충시기 9~11월
유충길이 35mm
우화시기 이듬해 2월
날개길이 43mm
채집장소 양평 산음휴양림

채집 당시 잎 아랫면에 알이 172개 있었고 부화 뒤 곧 흩어졌다. 머리는 작고 양쪽에 굵은 검은 점무늬가 있고, 앞가슴 중간에 흰색 줄무늬가 있다. 3령까지는 잎 아랫면의 표피층과 잎살 일부를 먹는다. 4령이 되자 몸은 퉁퉁해지고 기문선은 흰색으로 변하고, 배 윗면은 쑥색이 도는 갈색이 되며 마디마다 꺾쇠무늬가 희미하게 생긴다. 흙 속에 들어가 고치를 만들고 번데기가 되어 이른 봄에 우화한다. 성충 앞날개의 중간 전연 가까운 지점에 검은색 사각무늬가 있고 그 안쪽에도 작고 검은 사각무늬가 있다. 뒷날개 둘레와 중간에 둥글고 검은 무늬가 있고, 후연에서 1/3 되는 지점에도 검은색 줄무늬가 있다.

종령

알

2령

4령

성충

성충 표본

Y-9-1 긴무늬곱추밤나방 *Cucullia elongata*

먹이식물 쑥부쟁이(*Aster yomena*)

유충시기 6월
유충길이 40mm
우화시기 7월
날개길이 43mm
채집장소 양평 비솔고개

머리에는 흰 삼각무늬가 있고 양쪽에는 점선이 있다. 가슴과 배 윗면의 가운데 선과 기문선 아래는 노란색이고, 그 사이에 검은색과 흰색이 번갈아 있다. 흙 속에 들어가 고치를 만들고 번데기가 되어 25일이 지나면 우화한다. 성충 주둥이는 20㎜ 정도로 아주 길다. 앞날개의 전연은 흑갈색이고, 가운데는 자갈색이며 여기에 짧고 흰 선이 줄지어 있다.

종령

성충

성충 표본

Y-9-2 황줄무지개밤나방 *Eupsilia transversa*

먹이식물 갯버들(*Salix gracilistyla*)

유충시기 5월
유충길이 35mm
우화시기 9월
날개길이 43mm
채집장소 속초 외설악

몸 선제는 섬은색에 가깝나. 앞가슴 양쪽에 주황색 줄무늬가 있고, 뒷가슴 아랫면과 배 7째마디 기문선 가까이에 흰 무늬가 있다. 흙 속에 들어가 고치를 만들고 번데기가 되어 가을에 우화한다. 성충은 세점무지개밤나방과 매우 비슷하지만, 세점무지개밤나방은 반달처럼 생긴 흰 점이 더 오목하면서 크고 약간 분홍빛도 돈다.

종령

허물을 벗으려고 준비하는 3령

4령

성충

성충 표본

Y-9-3 굴뚝회색밤나방 *Lithophane remota*

먹이식물 호랑버들(*Salix caprea*)

유충시기 6월
유충길이 35mm
우화시기 9월
날개길이 41mm
채집장소 인제 방태산

몸은 백록색이고, 가슴과 배 윗면 가운데에 있는 줄무늬는 굵고 흰색이다. 어릴 때나 종령이나 형태 변화는 거의 없다. 흙 속에 들어가 번데기가 되어 초가을에 우화한다. 성충 앞날개가 조금 길고 황토색이 많은 것으로 이 종을 동정했으나, 유럽회색밤나방(*Lithophane hepatica*)과 생김새가 아주 비슷해 생식기 검경이 필요하다.

종령

종령

3령

성충

성충 표본

Y-9-4 가을검은밤나방 *Lithophane ustulata*

먹이식물 신갈나무(*Quercus mongolica*)

유충시기 5월
유충길이 38mm
우화시기 10~11월
날개길이 39~41mm
채집장소 서울 길동생태공원

4령 유충 머리는 엷은 연두색이고, 가슴과 배는 연녹색 바탕에 흰 점이 산재한다. 5령이 된 직후에 머리는 살구색, 가슴과 배는 녹색이지만 점차 머리는 흑갈색, 가슴과 배는 갈색으로 바뀐다. 배 윗면에 짙은 갈색 하트무늬가 드러난다. 항상 잎 뒤에 숨어 있다. 2~3일 만에 허물을 벗어 성장 속도가 빠르다. 흙 속에 고치를 만들고 번데기가 되어 가을에 우화한다.

종령

3령

4령

성충

성충 표본

Y-9-5 북방톱날무늬밤나방 *Meganephria cinerea*

먹이식물 느릅나무(*Ulmus davidiana* var. *japonica*)

유충시기 **5월**
유충길이 **40mm**
우화시기 **10월**
날개길이 **48mm**
채집장소 **남양주 천마산**
　　　　 하남 검단산
　　　　 평창 오대산

머리는 검은색이고 가슴과 배는 미색이며 여기에 검은 선이 있다. 중령과 종령의 형태에 변화는 없다. 흙 속에 들어가 고치를 만들고 번데기가 되어 가을에 우화한다. 성충 앞날개에 있는 가락지무늬와 콩팥무늬는 검은 선으로 둘러 있다. 후연은 검은색이고 후연 가까이에 있는 외횡선에 흰 부분이 있다.

종령

성충

성충 표본

Y-10-1 고동색밤나방 *Orthosia odiosa*

먹이식물 참나무류(Oak trees)

유충시기 6월
유충길이 35mm
우화시기 이듬해 3월
날개길이 38mm
채집장소 평창 오대산

몸 전체는 회녹색이며 어릴 때나 종령이나 색 변화는 없다. 주로 몸 앞부분을 꺾은 채 잎 아랫면에 붙어 있다. 뒷흰가지나방 유충과 비슷해 보이지만 배다리를 보면 구별할 수 있다. 흙 속에 들어가 번데기가 된다. 성충 앞날개는 고동색이고 가락지무늬, 콩팥무늬는 희미하게 보인다. 1년 1회 발생한다.

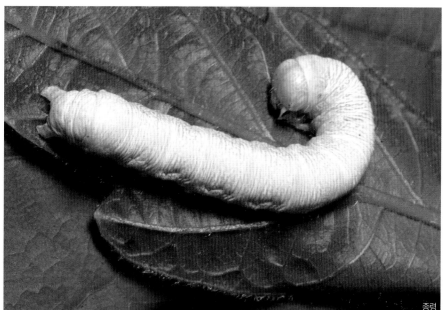

종령

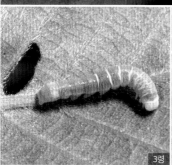

3령

성충

성충 표본

Y-10-2 곧은띠밤나방 *Orthosia paromoea*

먹이식물 개암나무(*Corylus heterophylla* var. *thunbergii*), 신갈나무(*Quercus mongolica*)

유충시기 5월
유충길이 30mm
우화시기 이듬해 2월
날개길이 31mm
채집장소 서울 길동생태공원
　　　　 하남 검단산

가슴과 배 윗면은 검은색이고 여기에 가로로 미색 줄무늬가 3개 있다. 배 8째마디 윗면은 전체가 검고 여기에 가로로 넓고 흰 줄무늬가 있다. 방해를 받으면 가슴 쪽을 이리저리 흔든다. 성충은 가는띠밤나방과 비슷하다. 곧은띠밤나방은 앞날개 아외연선이 외연과 거의 평행하고, 콩팥무늬가 거의 사각이지만, 가는띠밤나방은 전연과 후연 부위가 안쪽으로 꺾여 있고, 콩팥무늬는 바깥쪽이 약간 안쪽으로 잘록해서 땅콩 같다.

종령

성충

성충 표본

Y-11 담배나방 *Helicoverpa assulta*

먹이식물 고추(*Capsicum annuum*) 열매

유충시기	**7월**
유충길이	**30mm**
우화시기	**8월**
날개길이	**30mm**
채집장소	서울 상일동(집)

몸 전체가 백록색이다. 고추(열매) 속을 파먹고 산다. 담배 등 가지과 식물을 먹는 것으로 알려진다. 흙 속에 들어가 번데기가 되었다가 20일이 지나면 우화한다. 성충 앞날개는 노란색이고, 가락지무늬와 콩팥무늬의 안은 흑갈색이고 바깥은 황토색으로 둘러싸여 있다. 외횡선과 아외연선 사이는 갈색이다.

종령

성충

성충 표본

미동정 종
unidentified species

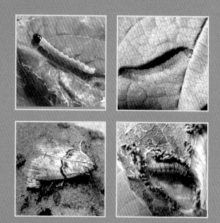

Z-1 Tortricinae sp. 잎말이나방과 잎말이나방아과

먹이식물 시무나무(*Hemiptelea davidii*)

유충시기 8~9월
유충길이 12mm
우화시기 9~10월
날개길이 16~18mm
채집장소 포천 광릉수목원
　　　　청송 주왕산

머리는 살구색이고 앞가슴등판 양쪽에는 크고 검은 점무늬가 있다. 배는 연두색이고 배 윗면 중간에 노란 사각무늬가 있다. 잎 2장을 붙이고 바깥 표피층을 남기고 먹는다. 붙인 잎 사이에서 번데기가 되어 10~12일이 지나면 우화한다. 성충 앞날개에 변이가 많다. 회황색 바탕에 짧고 검은 선이 있는 개체, 앞날개 위쪽 반은 황갈색, 아래쪽 반은 검은색인 개체, 전체가 흑갈색인 개체도 있다. 하지만 공통으로 전연에 잘 드러나지 않는 역삼각무늬가 있다.

종령

잎을 먹은 흔적

성충

성충 표본

성충

성충 표본

Z-2 Tortricinae sp. 잎말이나방과 잎말이나방아과

먹이식물 신갈나무(*Quercus mongolica*)

유충시기 5월
유충길이 18mm
우화시기 11월
날개길이 22mm
채집장소 남양주 예봉산

머리는 주황색이고 앞가슴등판 양쪽에 희미한 검은 점무늬가 있으며 가슴과 배는 회녹색이다. 신갈애기잎말이나방 유충처럼 신갈나무, 졸참나무 따위의 잎을 세로로 접어 풍선처럼 완전히 붙이고 그 속에서 바깥 표피층을 남기고 먹는다. 종령은 잎을 접어 붙이고 그 속에서 여름을 나고 10월에 번데기가 되어 11월에 우화한다. 성충 앞날개는 흑갈색이고, 전연 중간에서 날개 끝에 걸쳐 검은 삼각무늬가 있다. 기부 쪽으로도 검은 사각무늬가 있다. 중실 끝과 후연 근처에 비늘털 다발이 있다.

종령

성충

성충 표본

Z-3 Tortricinae sp. 잎말이나방과 잎말이나방아과

먹이식물 감나무(*Diospyros kaki*)

유충시기 5~6월
유충길이 23mm
우화시기 6월
날개길이 24mm
채집장소 영월 동강

머리와 앞가슴등판은 검은색이고, 가슴과 배는 중령일 때는 미색이나 종령이 되면 녹색으로 변한다. 잎을 붙이고 살며 그 속에서 번데기가 되어 18일이 지나면 우화한다. 성충 앞날개는 짙은 황토색이고 뒷날개는 엷은 흑갈색이다. 아주 가는 줄무늬는 있지만 눈에 띄는 무늬는 없다.

종령

종령　성충　성충 표본

^{Z-4} Tortricinae sp. 잎말이나방과 잎말이나방아과

먹이식물 산사나무(*Crataegus pinnatifida*)

유충시기 **5월**
유충길이 **9mm**
우화시기 **5월**
날개길이 **15mm**
채집장소 **하남 검단산**

머리는 살구색이고 가슴과 배는 녹색이나. 잎을 붙이고 있는 종령을 채집했고 17일이 지나자 우화했다. 성충 머리와 가슴판은 노란색이다. 앞날개는 황토색이고 일정하지 않은 납색 무늬가 산재하고, 가장자리 털은 노란색이다. 뒷날개는 엷은 흑갈색이다.

종령

성충

성충 표본

Z-5 Tortricinae sp. 잎말이나방과 잎말이나방아과

먹이식물 애기동백나무(*Camellia sasanqua*), 차나무(*Thea sinensis*)

유충시기 2월
유충길이 18mm
우화시기 3월
날개길이 18~21mm
채집장소 포천 광릉수목원

머리는 살구색이고 희미한 무늬 같은 것이 있다. 가슴과 배는 약간 흰 빛이 도는 녹색이다. 애모무늬잎말이나방 유충과 아주 비슷하다. 잎을 붙이고 살며 그 속에서 번데기가 되어 15~20일 지나면 우화한다. 온실에서 키웠기에 겨울에도 산 것 같다. 성충 앞날개는 갈색이다. 가운데에 약간 구불거리는 짙은 갈색 사선이 있고 후연 부근에서 넓어진다. 전연에서 2/3 되는 지점부터 아외연선, 후연에 걸쳐 짙은 갈색 역삼각무늬가 있다.

종령

성충

성충 표본

Z-6 Tortricinae sp.   잎말이나방과 잎말이나방아과

먹이식물 신나무(*Acer ginnala*)

유충시기 8~9월
유충길이 12mm
우화시기 9월
날개길이 15mm
채집장소 가평 명지산

머리와 앞가슴등판은 검은색이고 가슴과 배는 연녹색이나. 잎 2상을 붙이고 살며, 그 속에서 번데기가 되어 16일이 지나면 우화한다. 성충 앞날개 전연에 크고 검은 삼각무늬가 있고 농도가 다른 흑갈색이 퍼져 있다. 기부에서 1/4, 1/2 되는 지점에 털 다발이 줄지어 있고, 털 다발은 1/4 되는 지점에서 후연 가까이에 있는 것이 가장 크다.

종령

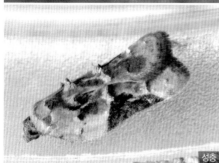
성충

성충 표본

Z-7 Tortricinae sp. 잎말이나방과 잎말이나방아과

먹이식물 까치박달(Carpinus cordata)

유충시기 5월
유충길이 25mm
우화시기 5월
날개길이 25mm
채집장소 양평 용문산

머리는 검은색, 앞가슴등판 앞은 흰색, 뒤는 갈색이며, 가슴과 배는 짙은 회녹색이다. 잎을 붙이고 산다. 다시 잎을 붙이고 번데기가 되어 10일이 지나면 우화한다. 성충 앞뒤날개는 모두 회황색이고 무늬가 없다. 앞노랑잎말이나방 유충과 매우 비슷해 보여 생식기 검경이 필요하다.

종령

성충

성충 표본

Z-8 Tortricinae sp. 잎말이나방과 잎말이나방아과

먹이식물 싸리(*Lespedeza bicolor*)

유충시기 5월
유충길이 15~25mm
우화시기 5월
날개길이 17~26mm
채집장소 양평 산음휴양림

머리는 적흑색, 앞가슴등판은 검은색이고 가슴과 배는 연한 연두색이다. 잎을 여러 장 붙이고 산다. 잎을 붙이고 번데기가 되어 1주일이 지나면 우화한다. 성충 수컷 앞날개는 황갈색이고, 기부 쪽으로 갈색 무늬가 있다. 앞날개 중간에서 바깥쪽으로는 굵은 사선이 휘어 있다. 전연에 반원처럼 생긴 무늬, 아외연선에도 무늬가 있다. 암컷 앞날개는 황갈색이고, 뚜렷하지 않은 횡선 무늬가 있다. 뒷날개 앞부분은 노란색이고 나머지는 연한 검은색이다. 암수의 크기 차이가 크다.

종령

성충 수컷

성충 수컷 표본

성충 암컷

성충 암컷 표본

Z-9 Olethreutinae sp.   잎말이나방과 애기잎말이나방아과

먹이식물 물푸레나무(*Fraxinus rhynchophylla*)

유충시기 8월
유충길이 10mm
우화시기 8월
날개길이 13mm
채집장소 구미 금오산

종령 머리는 주황색이고, 앞가슴등판은 검은색이다. 잎을 둥글게 잘라 붙이고 있는 것을 채집했기에 정확한 생활사는 모른다. 다만 붙인 잎 속을 볼 때 잎의 한쪽 면만 먹는 것 같다. 잎을 붙인 뒤 10일 만에 우화했다. 성충 앞날개에는 갈색과 회색으로 뒤섞여 있고, 전연 중간에서 후연까지 둥글게 갈색과 검은색 줄무늬가 번갈아 있어 전체로 보면 하나의 띠 같다.

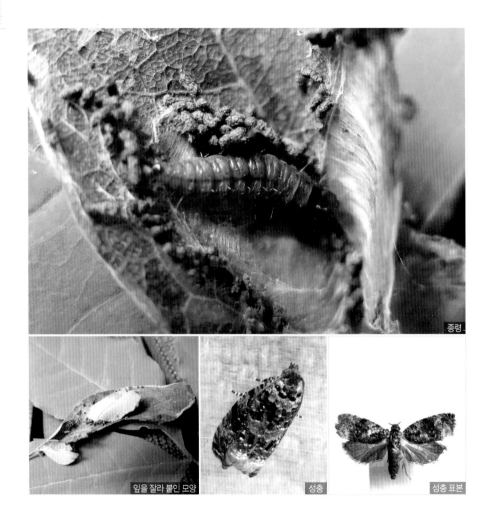

종령

잎을 잘라 붙인 모양

성충

성충 표본

Z-10 Olethreutinae sp.   잎말이나방과 애기잎말이나방아과

먹이식물 팥(*Phaseolus angularis*)

유충시기 8월
유충길이 12mm
우화시기 8월
날개길이 16mm
채집장소 보은 구병산

머리와 앞가슴등판은 살구색이다. 잎을 붙이고 산다. 사육한 개체는 잎을 싸둔 물티슈 속에 들어가 번데기가 되어 8일 만에 우화했다. 성충 앞날개는 회황갈색이고, 전연에서부터 후연까지 꺾쇠처럼 생긴 황갈색 줄무늬가 여럿 있지만 눈에 잘 띄지는 않는다.

종령

성충

성충 표본

Z-11 *Caloptilia* sp. 가는나방과

먹이식물 밤나무(*Castanea crenata*)

유충시기 7월
유충길이 8mm
우화시기 7~8월
날개길이 9~10mm
채집장소 가평 석룡산
　　　　 가평 명지산

잎을 뒤로 약간 접어 붙이고 그 속에서 바깥 표피층을 남기고 먹는다. 종령이 되면 잎에서 나와 투명한 타원형 고치를 만들고 번데기가 되어 1주일이 지나면 우화한다. 성충 앞날개의 기부 쪽 반은 황금색, 바깥쪽 반은 붉은빛이 있는 황토색이다. 전연에는 작은 사선이 있다.

종령

잎을 붙인 모양

고치

성충

성충 표본

Z-12 *Caloptilia* sp.   가는나방과

먹이식물 광대싸리(*Securinega suffruticosa*)

유충시기 **8월**
유충길이 **8mm**
우화시기 **8월**
날개길이 **9~10mm**
채집장소 **가평축령산**

잎을 접어 풍선처럼 붙이고 바깥 표피층을 남기고 잎을 조금씩 뜯어 먹는다. 잎을 약간 붙이고 그 속에서 번데기가 되어 8일이 지나면 우화한다. 성충 앞날개는 흑갈색이고, 전연 중간에서 후연 가까이까지 (후연에 닿지는 않는다) 노란 삼각무늬가 있다.

종령

잎을 붙인 모양   성충   성충 표본

Z-13 *Ypsolopha* sp.   집나방과 좀나방아과

먹이식물 갈참나무(*Quercus aliena*)

유충시기 **5월**
유충길이 **16mm**
우화시기 **5월**
날개길이 **22mm**
채집장소 서울 길동생태공원

몸 전체는 긴 방추형이다. 머리는 연두색이고 가슴과 배는 녹색이며, 가슴에는 검은 점무늬가 있다. 가슴과 배 윗면 가운데에 굵고 흰 줄무늬가 있고, 기문선 위에도 흰 줄무늬가 있다. 방추형 연갈색 고치 양끝을 지지할 만한 곳에 붙이고 번데기가 되어 20일이 지나면 우화한다. 성충 앞날개 끝은 갈고리처럼 약간 튀어나와 있다. 앞날개에는 엷은 갈색과 짙은 갈색이 줄을 이루며 퍼져 있다. 전연의 색은 약간 엷다.

종령

고치

성충

성충 표본

Z-14 *Ypsolopha* sp. 집나방과 좀나방아과

먹이식물 신나무(*Acer girinala*)

유충시기 5월
유충길이 15mm
우화시기 5월
날개길이 17~18.5mm
채집장소 서울 우이령

머리는 노란색이고, 가슴과 배는 녹색이며 양쪽에 흰 줄무늬가 있다. 어린 잎을 여러 장 풍선처럼 붙이고 똥도 그 속에 붙이고 산다. 잎을 붙이고 질긴 흰색 고치를 만들고 번데기가 되어 10일이 지나면 우화 한다. 성충 아랫입술은 앞으로 뻗어 있고 앞뒤날개는 갈색이며, 앞날 개 후연 가까이에 짙은 갈색 줄무늬가 사선으로 2개 있다.

종령

성충

성충 표본

Z-15 *Ypsolopha* sp.　집나방과 좀나방아과

먹이식물 확인 못함(Unconfirmed)

유충시기 5월
유충길이 13mm
우화시기 5월
날개길이 20mm
채집장소 양평 용문산

몸은 방추형이고 백록색이다. 고로쇠나무와 참나무가 있는 숲 공중에서 떨어진 것을 채집했다. 곧 사다리꼴 흰색 고치를 만들고는 16일이지나 우화했다. 성충 앞날개의 후연을 끼고 있는 넓은 사가 부분은 검은색이다. 이 부분을 제외하고는 엷은 흑갈색 바탕에 검은 선점이 있고, 검은 부분 끝에 흰 무늬가 있다.

종령

고치　성충　성충 표본

Z-16 *Yponomeuta* sp.   집나방과 집나방아과

먹이식물 회잎나무(*Euonymus alatus* for. *ciliato-dentatus*)

유충시기 5월
유충길이 15mm
우화시기 5월
날개길이 18mm
채집장소 영월 동강

머리는 노란색이고, 가슴과 배 끝 마디도 노란색이며 다른 마디는 회녹색이다. 마디마다 검은 점무늬가 양쪽에 하나씩 있다. 잎을 접어 그 속에 막을 치고 들락거리며 잎을 먹는다. 잎 사이에 엷은 막을 텐트처럼 치고 그 속에 다시 방추형 갈색 고치를 만들고 번데기가 된다. 성충 앞뒤날개는 모두 회색이고(표본은 갈색으로 보인다) 앞날개에는 검은 점무늬가 있다.

종령

고치   성충   성충 표본

Z-17 *Yponomeuta* sp. 집나방과 집나방아과

먹이식물 참빗살나무(*Euonymus sieboldiana*)

유충시기 **6월**
유충길이 **18mm**
우화시기 **6월**
날개길이 **18.5mm**
채집장소 **포천 광릉수목원**

머리는 노란색, 가슴과 배 끝 마디는 노란색이고, 나머지 마디는 회색이다. 각 마디마다 양쪽에 크고 검은 점무늬가 하나 있고, 그 옆에 작은 점무늬가 2개 있다. 잎 여러 장에 실을 붙여 텐트 같은 것을 만들고 산다. 실을 엮어 그 속에 다시 방추형 흰색 고치를 만든다. 채집 당시 나무에는 한 마리만 있었다. 성충 앞날개는 회색이고 여기에 검은 점무늬가 있다.

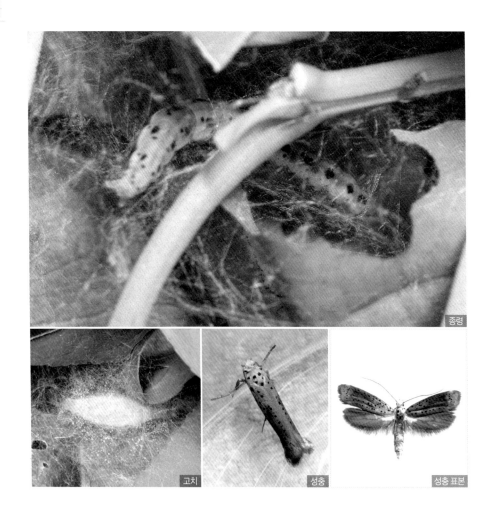

종령

고치　성충　성충 표본

Z-18 *Depressaria* sp.   원뿔나방아과 큰원뿔나방아과

먹이식물 산초나무(*Zanthoxylum schinifolium*)

유충시기 5월
유충길이 25mm
우화시기 6월
날개길이 29~31mm
채집장소 양평 산음휴양림

머리와 앞가슴등판은 검은색, 가슴과 배는 녹색이다. 잎 여러 장을 얼기설기 엮어 그 위를 뜨듯이 다니며 산다. 잎을 붙이고 번데기가 되어 13일이 지나면 우화한다. 성충 앞날개는 적갈색이고 전연과 외연을 따라 짧은 줄무늬가 있다. 아외연선에도 활처럼 생긴 흑갈색 띠무늬가 있다. 뒷날개 외연선은 2줄이다.

종령

성충

성충 표본

Z-19 *Coleophora* sp.   통나방과

먹이식물 벗나무(*Prunus serrulata* var. *spontanea*)

유충시기 5월
유충길이 7mm (집 길이)
우화시기 6월
날개길이 10mm
채집장소 서울 우이령

집은 적갈색이고, 벗나무 잎 가장자리를 잘라 만든 듯 잎맥과 결각 끝이 4개 보였다. 가지에 집을 붙이고 번데기가 되어 20일이 지나면 우화한다. 성충 더듬이는 기부를 제외하고는 흑갈색과 회색이 번갈아 있다. 앞뒤날개는 검은색에 가까운 흑갈색이다.

종령

성충

성충 표본

Z-20 *Coleophora* sp. 통나방과

먹이식물 물박달나무(*Betula davurica*)

유충시기 6월
유충길이 7mm (집 길이)
우화시기 6월
날개길이 9mm
채집장소 인제 방태산

집은 갈색이고 나뭇잎으로 만들었다. 집 아래쪽 끝은 마치 재단한 듯이 일직선이다. 줄기에 집을 붙이고 번데기가 되어 22일이면 우화한다. 성충 앞날개는 황갈색이고 광택이 있으며 전연에는 흰빛이 돈다. 뒷날개는 흑갈색이다.

종령

성충

성충 표본

Z-21 *Coleophora* sp. 통나방과

먹이식물 느릅나무(*Ulmus davidiana* var. *japonica*)

유충시기 5월, 9월
유충길이 7mm (집 길이)
우화시기 6월, 이듬해 4월
날개길이 10~11mm
채집장소 인제 오대산
         남양주 천마산

집은 흑갈색이고 나뭇잎으로 만들어 잎맥과 결각이 보인다. 가지에 집을 붙이고 봄에 우화한다. 성충 더듬이는 기부를 제외하고 흰색과 갈색이 번갈아 있다. 앞날개는 회갈색이지만 빛을 받으면 회황색과 은빛으로 보인다. 월동형과 봄형이 같은 종인지 알 수가 없지만 일단 같이 기재한다.

월동형 유충 집(9월)

봄형 유충 집(5월)

월동형 성충(4월 우화)

월동형 성충 표본

봄형 성충

봄형 성충 표본

Z-22 *Coleophora* sp. 통나방과

먹이식물 병꽃나무(*Weigela subsessilis*)

유충시기 9월
유충길이 8mm (집 길이)
우화시기 이듬해 2월
날개길이 12.5mm
채집장소 가평 명지산

잎 가장자리를 잘라 붙여서 집을 만들어 결각과 잎맥이 보인다. 집을 잎 아랫면 잎맥 사이에 붙이고 몸을 뺄 수 있는 범위에서 잎살을 먹고, 다 먹으면 옮겨 간다. 집을 붙이고 월동해 이듬해 우화한다. 성충 더듬이는 흰색과 연갈색이 교차하며 고리모양을 이루고 있다. 앞뒤날개는 짙은 회색이고 광택이 있다.

잎 위에 붙인 집

번데기가 되려고 붙인 집

성충

성충 표본

Z-23 Gelechiidae sp. 뿔나방과

먹이식물 떡갈나무(*Quercus dentata*), 신갈나무(*Quercus mongolica*)

유충시기 4~6월
유충길이 8mm
우화시기 6~7월
날개길이 13mm
채집장소 서울 상일동근린공원
　　　　하남 검단산

머리와 앞가슴등판, 항문위판은 검은색이다. 어린 줄기 속을 파먹고 살며, 검은 똥을 줄기 밖에 내놓기 때문에 쉽게 찾을 수 있다. 줄기 속에서 번데기가 되어 보름 정도 지나면 우화한다. 성충의 아랫입술수염은 검은색과 흰색 줄무늬로 이루어져 있다. 앞날개는 보라색을 띤 검은색이고, 전연에는 검은 직사각무늬가 3개 있고, 앞날개의 1/5, 2/5, 3/5, 4/5 되는 지점에는 검은 비늘 다발이 약간 솟아 있다.

종령

유충이 똥을 내놓은 자리　　　성충　　　성충 표본

Z-24 Gelechiidae sp. 뿔나방과

먹이식물 갈참나무(*Quercus aliena*)

유충시기 6~7월
유충길이 8mm
우화시기 7월
날개길이 11mm
채집장소 하남 검단산

머리는 주황색이고 앞가슴등판은 머리 쪽 반은 주황색, 가슴 쪽 반은 녹색이다. 잎 2장을 붙이고, 잎자루 근처에 똥을 붙여 긴 통로를 만들고는 들락거리며 잎 한 면의 표피층과 잎살을 먹는다. 잎을 붙인 지 10일이 지나면 우화한다. 성충 앞날개는 흑갈색이고 기부에서 1/4, 1/2, 3/4 되는 지점에 검은 점무늬를 둘러싸고 있는 주황색 무늬가 있다.

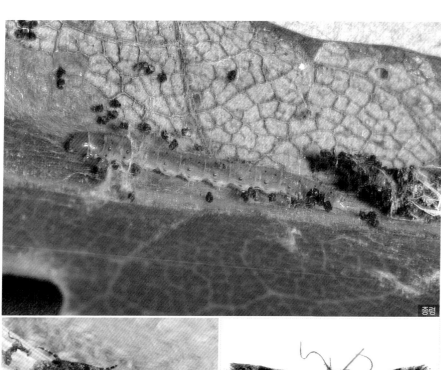
종령

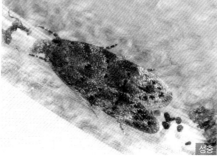
성충

성충 표본

Z-25 *Dichomeris* sp.   뿔나방과

먹이식물 느릅나무(*Ulmus davidiana* var. *japonica*)

유충시기	**7월**
유충길이	**18mm**
우화시기	**7월**
날개길이	**19.5mm**
채집장소	**가평 명지산**

머리는 적갈색, 가슴은 흑갈색, 검은색, 흰색이다. 배에는 자갈색 줄무 늬가 격자로 있고 격자 속에는 쑥색 무늬와 흰색 테두리에 둘린 검은 점무늬가 있다. 잎 2장을 들락거릴 수 있을 정도의 구멍만 남기고 단 단히 붙여 집을 만들고서 그 구멍으로 들락거리며 잎을 먹는다. 집 속 에서 번데기가 되어 1주일이 지나면 우화한다. 성충 아랫입술수염은 회색 털 다발로 되어 있고, 옆에서 보면 앞으로 튀어나와 있고 삼각처 럼 보인다. 앞날개는 황토색 바탕에 짧은 흑갈색 줄무늬가 산재한다. 삼각수염뿔나방과 생김새가 비슷하나 동정이 필요하다.

종령

성충

성충 표본

Z-26 Gelechiidae sp. 뿔나방과

먹이식물 호랑버들(*Salix caprea*)

유충시기 9월
유충길이 8mm
우화시기 11월
날개길이 11.5~12mm
채집장소 가평 명지산
          남양주 축령산

머리와 앞가슴등판은 살구색이다. 앞가슴등판에는 약간 큰 자갈색 점무늬가 2개, 작은 점무늬가 여러 개 있다. 배는 투명한 녹색이다. 잎 2장을 단단히 붙인 다음 똥을 붙여 통로 같은 방을 만들고서 들락거리며 잎 한쪽 면을 남기고 먹는다. 그 방에서 번데기가 되어 늦가을에 우화한다. 성충 앞날개에는 작은 주황색 무늬가 여러 개 있다.

종령

노숙유충   성충   성충 표본

Z-27 Phycitinae sp. 명나방과 알락명나방아과

먹이식물 느릅나무(*Ulmus davidiana* var. *japonica*)

유충시기 6월
유충길이 16mm
우화시기 6월
날개길이 18mm
채집장소 남양주 천마산

머리는 녹색이고 갈색 무늬가 있다. 가슴과 배에는 연두색과 짙은 녹색이 번갈아 있어 줄무늬를 이룬다. 잎 위에 얇은 실을 여러 줄 쳐 놓고 그 밑에서 산다. 오아시스에 들어가 15일 만에 우화했다. 성충 앞뒤날개는 회갈색이다. 앞날개에는 굵고 검은 내횡선이 있다. 이 내횡선은 전연에서 바깥쪽으로 사선으로 내려가다 중간쯤에서 기부 쪽으로 한 번 꺾였다가 다시 바깥쪽으로 사선으로 내려가 후연에 닿는다. 아외연선은 회색 점선으로 이루어지며 전연 가까운 곳에서 기부로 한 번 꺾이고서 외연과 평행한다.

종령

성충

성충 표본

Z-28 Phycitinae sp. 명나방과 알락명나방아과

먹이식물 호랑버들(*Salix caprea*)

유충시기 9월
유충길이 15mm
우화시기 9월, 이듬해 4월
날개길이 18mm
채집장소 가평 축령산

머리는 연두색이고 검은 무늬가 있다. 가슴과 배에는 쑥색과 연두색 줄무늬가 있다. 잎을 말거나 잎 여러 장에 실을 치고 살며, 종령이 되면 그 속에 똥을 붙인 고치를 만들고 번데기가 된다. 9월에 우화한 개체도 있고 이듬해 4월에 우화한 개체도 있다. 성충 앞날개는 짙은 회색이다. 내횡선은 약간 꺾쇠처럼 생겼고, 전연 쪽 반은 검은 색이며 후연 쪽 반은 엷은 회색이다. 아외연선도 희미하게 나타난다.

종령

고치

성충

성충 표본

Z-29 *Nephopterix* sp. 명나방과 알락명나방아과

먹이식물 진달래(*Rhododendron mucronulatum*)

유충시기 7~8월
유충길이 186mm
우화시기 이듬해 5월
날개길이 20mm
채집장소 하남 검단산

머리는 황갈색이고 노란 무늬가 있다. 가슴과 배에는 녹색과 쑥색 줄
무늬가 있고 배 아랫면은 녹색이다. 잎을 여러 장 얼기설기 엮고, 어
려서는 한 면만 먹고 다 먹으면 다시 남은 한 면을 먹는다. 종령이 되
면 잎 전체를 다 먹는다. 똥을 붙인 고치를 만들고 번데기가 된다. 성
충 앞날개 내횡선은 약간 반원에 가깝고, 내횡선 안쪽 후연과 내횡선
바깥 전연에는 검은 쐐기무늬가 있다. 횡맥에는 작고 검은 점무늬가
2개가 희미하게 있다. 아외연선은 흰색이고 약간 골곡진다.

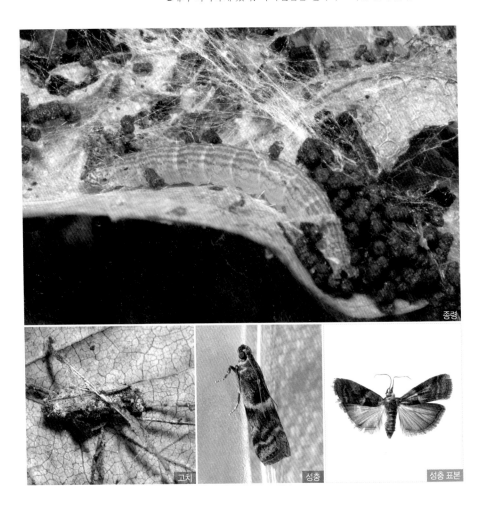

종령

고치　성충　성충 표본

Z-30 Epipaschiinae sp.　명나방과 집명나방아과

먹이식물 신나무(*Acer ginnala*), 당단풍(*Acer pseudo-sieboldianum*)

유충시기 5~6월
유충길이 25mm
우화시기 6~7월
날개길이 25mm
채집장소 가평 석룡산
　　　　가평 명지산
　　　　밀양 재약산

몸 전체가 연두색이고 양옆에 미색 선이 2개 있다. 자라면서 형태와 색에는 큰 변화가 없다. 어린 잎을 여러 장 얼기설기 실로 엮고 그 위에서 공중에 떠 있는 것처럼 산다. 그 속에서 잎을 붙이고 번데기가 되어 20일이 지나면 우화한다. 성충 앞날개의 외횡선 안은 녹색이며 밖은 적흑색이다. 내횡선은 검은색으로 밖으로 기울고, 외횡선은 굴곡이 심하다.

종령

4령

성충

성충 표본

Z-31 *Ceratonema* sp.   쐐기나방과

먹이식물 국수나무(*Stephanandra incisa*)

유충시기 **8월**
유충길이 **10mm**
우화시기 **10월**
날개길이 **19mm**
채집장소 가평 명지산

몸은 조금 납작한 타원형에서 옆이 약간 들어간 형태다. 배 끝에 가는 돌기가 나 있어 가오리 같기도 하다. 배 윗면 마디마다 도넛처럼 생긴 주황색 무늬가 있다. 잎을 당겨 붙이고 그 속에서 공 모양 번데기가 되어 1달이 지나면 우화한다. 성충의 앞뒷날개는 엷은 흑갈색이다. 날개 기부에서부터 중간까지 걸친 삼각무늬는 짙은 흑갈색이고 이 앞쪽으로도 작고 검은 삼각무늬가 있다.

종령

고치   성충   성충 표본

Z-32 Ennominae sp. 자나방과

먹이식물 벚나무(*Prunus serrulata* var. *spontanea*)

유충시기 4~5월
유충길이 20mm
우화시기 12월
날개길이 28mm
채집장소 가평 용추계곡

머리는 살구색이고 가슴과 배 옆면은 회녹색, 윗면은 짙은 회녹색이며 마디마다 검은 점무늬가 있다. 양쪽에는 굵고 흰 줄무늬가 있다. 성충 앞날개는 다갈색이고 내횡선과 외횡선 사이는 색이 더 짙다. 앞뒤날개 횡맥에 있는 점무늬는 모두 작고 희미하게 보인다. 얇은날개겨울자나방과 생김새가 비슷하지만, 이 종은 외횡선에 톱니무늬가 없어 톱니무늬가 심한 얇은날개겨울자나방과 구별할 수 있다. 둘은 우화시기도 다르다.

종령

성충

성충 표본

Z-33 Ennominae sp.   자나방과

먹이식물 개암나무(*Corylus heterophylla* var. *thunbergii*), 신갈나무(*Quercus mongolica*)

유충시기 4~5월
유충길이 20mm
우화시기 이듬해 2월
날개길이 28mm
채집장소 하남 검단산

머리는 황갈색이고 가슴과 배의 색에는 변이가 있다. 황토색 바탕에 양옆은 흑갈색을 띠는 황색형, 녹색 바탕에 양옆은 검은 빛을 띠는 흑색형 따위가 있다. 기문 옆의 둥글고 흰 무늬가 눈에 띤다. 흙 속에 들어가 고치를 만들고 번데기가 되어 이듬해에 우화한다. 성충 앞날개는 황갈색이다. 참나무겨울가지나방과 매우 비슷하지만, 이 종은 참나무겨울가지나방에 비해 외횡선이 앞쪽에서 바깥쪽으로 더 많이 휘었고 전연도 더 검다. 이 종의 암컷은 날개가 있다. 암컷의 앞뒤 한 쪽 날개는 4~5㎜로 짧고, 굵고 검은 선이 2개 있으며 바깥쪽 검은 선의 바깥은 다갈색이다. 몸길이는 12㎜이고, 몸에는 회색과 검은 털이 섞여 있다. 미수정 암컷은 녹색 알을 150개 정도 낳았다.

흑색형 종령

성충 암컷

황색형 종령

성충 수컷

성충 수컷 표본

Z-34 Nolidae sp.   혹나방과

먹이식물 팥배나무(*Sorbus alnifolia*)

유충시기 5월
유충길이 20mm
우화시기 6월
날개길이 18mm
채집장소 인제 내설악

가슴 1째마디에는 검은 털 다발, 배 1~3째마디에는 검은색과 갈색이 섞인 털 다발, 나머지 마디에는 흰 털 다발이 있다. 배 양옆에 주황색 돌기가 있다. 배 끝은 둥글며, 여기에도 돌기가 있다. 허물을 벗을 때는 몸 둘레에 실을 여러 겹 친다. 3일 동안 돌아다니다 수피를 뜯어 붙이고 번데기가 되어 16일이 지나면 우화한다. 성충 앞날개는 회색이며, 횡선들은 뚜렷하고 중횡선은 깊은 톱날무늬다.

종령

허물을 벗는 모습

수피를 붙인 고치

성충

성충 표본

Z-35 Noctuidae sp. 밤나방과

먹이식물 두충(*Eucommia ulmoides*)

유충시기 7월
유충길이 28mm
우화시기 8월
날개길이 39~41mm
채집장소 하남 검단산

4령은 몸 전체는 녹색이고, 머리에 있는 커다랗고 둥근 검은 눈알무늬가 눈에 띈다. 배 윗면 양쪽에 미색 줄무늬가 있다. 종령이 되면 몸은 검게 변하고 잎을 왕성하게 먹어 치운다. 잎 양쪽이 뚫려 있어 그리로 들락거리며 잎을 먹는다. 잎에 실을 빽빽이 쳐서 흰 막을 만들어 잎을 약간 오목하게 하고 그 속에서 허물을 벗는다. 흙 속에 들어가 고치를 만들고 번데기가 되어 17일이 지나면 우화한다. 2013년 경기도 일대 두충에 대발생했다. 1년에 2회 발생한다.

종령

4령

허물벗기 직전의 4령

허물벗기 직후의 종령

성충

성충 표본

Z-36 Noctuidae sp. 밤나방과

먹이식물 붉나무(*Rhus chinensis*)

유충시기 8월
유충길이 25mm
우화시기 이듬해 6월
날개길이 32mm
채집장소 가평 축령산

머리는 황갈색, 앞가슴등판은 적갈색, 가슴 2, 3째마디는 검은색이나. 배는 회색이고 끝으로 갈수록 가늘어진다. 잎 2장을 엇갈리게 포갠 다음 들락거릴 수 있는 공간만 빼고는 거의 완전히 붙인다. 그 속에서 형태가 일정하지 않은 고치를 만들고 번데기가 된다. 성충 앞날개 끝에서 1/4 정도는 다갈색이며, 나머지는 짙은 흑갈색이다. 횡맥에 있는 둥근 무늬는 적갈색이다.

종령

성충

성충 표본

Z-37 과 미정

먹이식물 물푸레나무(*Fraxinus rhynchophylla*)

유충시기 5~6월
유충길이 20~23mm
우화시기 이듬해 1~2월
날개길이 25~30mm
채집장소 인제 방태산
　　　　 평창 오대산

머리는 황록색이고 가슴과 배는 녹색이다. 앞가슴등판에는 양쪽으로 올챙이처럼 생긴 무늬가 있고, 가운데에도 검은 점무늬가 2개 있다. 배 윗면 양쪽에는 연두색 줄무늬가 있다. 들락거릴 수 있을 정도의 공간을 남기고서 잎을 접고 그 속에 질긴 통로를 만들고 산다. 질기고 촘촘한 그물망 같은 갈색 고치를 만들고 번데기가 되며, 번데기는 직사각에 가깝다. 성충 날개는 겨울자나방 날개처럼 하늘하늘하다. 앞날개는 갈색이고 아외연선에는 검은 점선이 있고 중실은 길다. 뒷날개는 엷은 회갈색으로 투명하다.

종령

고치

번데기

성충

성충 표본

『나방 애벌레 도감』 1권(2012)의 수정과 미동정 종 동정

p.110 I-2-6 날개노랑들명나방
재동정 --> 국명 없음 (*Paranomis sidemialis*)
날개길이 수정 --> 30㎜

p.164 M-3 대나무쐐기알락나방
학명 수정 --> *Artona martini*

P.303 U-10 작은점노랑재주나방
재동정--> 애기재주나방(*Micromelalopha troglodyta*)
내용 수정--> 먹이식물을 참조해 본 종으로 동정했으나 노랑점재주나방(*Micromelalopha vicina*)과 매우 비슷해 생식기 검경이 필요하다.

p.465 Z-2 노랑띠애기잎말이나방 *Celypha aurofasciana*
식성에 대한 의견 --> 1권 수록 당시 먹이식물이 말발도리였으며, 2014년에 기를 때는 병꽃나무였다. 『한국의 곤충 제16권 1호 애기잎말이나방류1』 (국립생물자원관) p.54에 따르면 일본에서는 이끼를 먹는 것으로 되어 있고, 유럽에서 여러 식물을 먹는 것으로 알려진 것을 참작하면 본종은 광식성으로 보인다.

p.469 Z-6 미동정 종
동정 --> 꽃날개애기잎말이나방 *Rhopobota macrosepalana* (2권에 재수록)

P.471 Z-8 미동정 종
동정 --> 물푸레가는나방 *Gracillaria ussuriella*

p. 473 Z-10 미동정 종
동정 --> *Phyllonorycter japonica*

p.475 Z-12 미동정 종
동정 --> 검은띠좀나방 *Ypsolopha japonicus*

P.476 Z-13 미동정 종
동정 --> 소쿠리나방 *Wockia koreana* (소쿠리나방과 Urodidae)

p.479 Z-16 미동정 종
동정 --> 신나무비늘뿔나방 *Altenia inscriptella* (2권에 재수록)

P.483 Z-20 미동정 종
동정 --> (가칭)고삼들명나방 *Xanthopsamma pseudocrocealis*

P.484 Z-21 미동정 종
동정 --> 국명 없음 *Lamprophaia albifimbrialis*

p.486 Z-23 미동정 종
동정 --> 검정각시들명나방 *Pyrausta fuliginata*
먹이식물 수정 --> 들깨, 향유, 쥐깨풀 등 꿀풀과 식물
유충시기 수정 --> 7월, 9~10월
우화시기 수정 --> 8월, 이듬해 5월
내용 수정 --> 가슴에 검은 점 4개가 뚜렷하며, 배는 백록색이고 검은 점들은 작고 희미하다. 꽃봉오리와 잎들을 붙이고 그것을 먹는다. 노숙하면 몸이 붉게 변하며 잎을 붙이고 딱딱한 갈색 고치를 만든다. 성충 앞뒤날개는 갈색이고 횡선은 흑갈색이다. 앞날개 외연의 연모는 미백색이나 후연의 연모는 흑갈색이다.

P.487 Z-24 미동정 종
동정 --> 국명 없음 *Udea stationalis*
내용 수정 --> 성충의 앞날개는 짙은 황색이며, 외횡선은 거치가 강하고 전연에서는 기부 쪽으로 강하게 휜다. 외연은 흑갈색 점으로 되어 있고 연모는 흑갈색이다.

p.489 Z-26 미동정 종
동정 --> 줄점들명나방 *Herpetogramma fuscescens*
먹이식물 수정 --> 파리풀
내용 수정 --> 성충 앞날개의 중실 안쪽 작은 점과 횡맥문이 뚜렷하다. 횡선들은 굵은 편이며 날개에 보랏빛이 조금 비친다. 유사종이 있어 생식기 검경이 필요하다.

p.490 Z-27 미동정 종
동정 --> 흰다리들명나방 *Omiodes tristrialis*
유충시기 수정 --> 7월, 10월
우화시기 수정 --> 7월, 이듬해 3월
날개길이 수정 --> 24~25㎜

내용 수정 --> 성충 앞뒤날개는 흑갈색이고 횡선과 횡맥문은 검은색으로 뚜렷하다. 앞날개 외연의 연모는 흑갈색이나, 뒷날개의 연모는 흰색이다.

p.492 Z-29 미동정 종
동정 --> (가칭)고마리들명나방 *Aurorobotys aurorina*
먹이식물 수정 --> 고마리, 개여뀌
유충시기 수정 --> 7~9월
우화시기 수정 --> 7~10월
날개길이 수정 --> 21~24㎜

p.499 Z-36 미동정 종
동정 --> 검은희미무늬밤나방 *Condica fuliginosa*

p.500 Z-37 미동정 종
동정 --> 우묵갈고리밤나방 *Calyptra fletcheri*

참고문헌

나방

건국대학교. 1994.『한국곤충명집』. 건국대학교출판부

국립생물자원관. 2011~2014.『한국의 곤충』. 제16권 1호~10호, 13, 14호. 국립생물자원관

문교부. 1982.『한국동식물도감 26권』. 문교부

문교부. 1983.『한국동식물도감 27권』. 문교부

박규택. 1999.『한국의 나방(1)』. 생명공학연구소. 한국곤충분류연구회

박규택. 2004.『뿔나방과 남방뿔나방과』. 농업과학기술원

박규택, 손재천, 한휘림. 2006.『밤나방과 유충의 기주식물』. 농업과학기술원

배양섭, 백문기. 2006.『명나방상과의 기주식물』. 농업과학기술원

배양섭. 2001.『명나방상과』. 농업과학기술원

배양섭. 2004.『명나방상과2』. 농업과학기술원

백문기 외. 2010.『한국곤충총목록』. 자연과 생태

손재천. 2006.『애벌레도감』. 황소걸음

신유항. 2001.『원색한국나방도감』. 아카데미서적

이범진, 정영진. 1999.『한국수목해충도감』. 성안당

江崎悌三 외. 1999.『原色日本産蛾類圖鑑 上, 下』. 保育社

駒井古實 외. 2011.『日本の鱗翅類』. 東海大學出版會

岸田泰則編. 2011.『日本産蛾類標準圖鑑 Ⅰ, Ⅱ』. 學習研究社

岸田泰則編. 2013.『日本産蛾類標準圖鑑 Ⅲ, Ⅳ』. 學習研究社

一色周知 監修. 2010.『原色日本蛾類幼蟲圖鑑 上, 下』(1965 초판). 保育社

井上寛 외. 1982.『日本産蛾類大圖鑑』. 講談社

學習研究社. 2006.『日本産幼蟲圖鑑』. 學習研究社

Byun, B.K., Y.S. Bae and K.T. Park. 1998. Illustrated Catalogue of Tortricidae in Korea. 정행사

Kim. S.S., E.A. Beljaev and S.H. Oh. 2001. Illustrated Catalogue of Geometridae in Korea 정행사

Kononko V.S., S.B. Ahn, and L. Ronkey. 1998. Illustrated Catalogue of Noctuidae in Korea. 정행사

Malcolm J. Scoble. 2002. The Lepidoptera. Oxford University Press

Park, Kyu-Tek and Margarita G. Ponomarenko. 2007. Gelechiidae of the Korean Peninsula and Adjacent Territories. 정행사

Phil Sterling and Mark Parsons. 2012. Field guide to the Micro Moths of Great Britan and Ireland British Wildlife Publishing

Stephen A. Marshall. 2006. Insects Their Natural History and Diversity. Firefly Book

식물

고경식. 1993. 『야생식물생태도감』. 우성문화사

김용식 외. 2000. 『조경수목핸드북』. 광일문화사

박수현. 2001. 『한국귀화식물원색도감 보유편』. 일조각

박수현. 1995. 『한국귀화식물원색도감』. 일조각

윤주복. 2004. 『나무쉽게찾기』. 진선출판사

이영노. 1996. 『한국식물도감』. 교학사

이창복. 1999. 『대한식물도감』. 향문사

찾아보기

국명

학명